国家重点研发计划课题资助（2019YFD1100105）

农村饮水安全工程运行管理典型模式案例研究

张洪伟　尤立　等　著

中国水利水电出版社
www.waterpub.com.cn
·北京·

内 容 提 要

本书共分为十一章，内容包括我国农村饮水安全工程总体概况、工程运行管理存在的主要问题及成效、甘肃省张家川县"规模化发展"模式、河南省清丰县"城乡一体化"模式、宁夏回族自治区彭阳县"互联网＋人饮"模式、陕西省安康市"量化赋权"模式、浙江省上虞区"数字化管理"模式、甘肃省环县"多水源保障"模式、山东省潍坊市"4＋1"建管模式、其他管理模式、农村饮水安全工程长效运行管理建议。

本书可作为政府水务规划、建设和管理人员必备的参考手册，也可供高等院校给排水科学与工程专业及相近专业师生和从事市政水厂运营的企业技术人员参考。

图书在版编目（CIP）数据

农村饮水安全工程运行管理典型模式案例研究 / 张洪伟等著. -- 北京 : 中国水利水电出版社，2022.9
ISBN 978-7-5226-1007-8

Ⅰ．①农… Ⅱ．①张… Ⅲ．①农村给水－饮用水－给水工程－工程管理－案例 Ⅳ．①S277.7

中国版本图书馆CIP数据核字(2022)第170305号

书　名	**农村饮水安全工程运行管理典型模式案例研究** NONGCUN YINSHUI ANQUAN GONGCHENG YUNXING GUANLI DIANXING MOSHI ANLI YANJIU
作　者	张洪伟　尤立　等　著
出版发行	中国水利水电出版社 （北京市海淀区玉渊潭南路 1 号 D 座　100038） 网址：www.waterpub.com.cn E-mail：sales@mwr.gov.cn 电话：（010）68545888（营销中心）
经　售	北京科水图书销售有限公司 电话：（010）68545874、63202643 全国各地新华书店和相关出版物销售网点
排　版	中国水利水电出版社微机排版中心
印　刷	清淞永业（天津）印刷有限公司
规　格	170mm×240mm　16 开本　9.25 印张　186 千字
版　次	2022 年 9 月第 1 版　2022 年 9 月第 1 次印刷
定　价	**59.00 元**

前言

　　农村安全饮水工程是落实和实施乡村振兴战略的一项重要工程，是一项惠及千万农村农户的民生工程。切实做好农村饮水安全保障工作，是维护广大人民群众的根本利益、全面巩固脱贫攻坚成果、构建社会主义和谐发展和推进民生水利建设的重要内容。

　　我国农村饮用水工程量大且面广，工程规模小且分散，地形、地质条件复杂，工程普遍存在管理水平跟不上建设速度的现象，缺乏科学有效的运行管护机制。受自然条件、原有建设水平和经济条件的制约，农村饮水水质无法得到完全保障，供水工程难以发挥应有的效益。经济较为发达的东部地区对农村饮水基础设施的建设和维护管理相对比较完善，而我国中部和西部地区的农村饮用水安全状况则相对落后，饮用水安全问题存在许多隐患。因此，研究农村饮水安全工程长效的运行管理机制，总结分析典型的运行管理模式案例，为政府水务管理部门和市政水厂企业运营管理部门提供参考借鉴，具有很大的现实意义。

　　为推进乡村振兴，切实做好饮水安全保障工作，持续改善农村居民生活质量，兰州交通大学和中国科学院生态环境研究中心"村镇饮用水安全保障技术与管理综合体系"课题组于2022年编写了本书。为建立健全农村饮用水安全管理体系，强化农村饮水安全工程管理长效机制，本书调研、收集和分析了大量地区农村饮水安全工程管理实际案例，并在分析总结具有代表性的工程运行管理模式案例的基础上汇编完成。以工程运行情况、管理现状及成效为主要研究对象，系统阐述农村供水工程管理、运营、监督等各职能主体的权责，分析不同农村饮水安全管理模式对农村安全饮水保障的影响，总结经验做法与措施，并为农村饮水安全工程长效运行管理提出建议。本书力求通过研究探讨农村饮水安全工程运行特色管理模式，尝试摸索出可操作性和针对性强的案例、对策和建议，推动城乡供水现代化管理，保障农村饮水安全工程的可持续发展，全面提升农村饮用水的管护水平。

本书共分为十一章。第一章通过分析我国农村饮水安全工程发展历程、发展现状及运行管理的主要模式及特点，阐述农村饮水安全工程总体概况；第二章旨在农村安全饮水工程实施及管理现状的基础上，从管理体系、运行经费、信息化建设等多方面指出当前农村饮水安全工程运行管理尚存在的问题，并对问题的具体成因进行剖析，并从供水保障、农村人居环境等方面总结目前农村饮用水工程取得的成效；第三至九章，主要以甘肃省张家川县、河南省清丰县、宁夏回族自治区彭阳县、陕西省安康市、浙江省上虞区、甘肃省环县以及山东省潍坊市农村饮水安全工程不同管理模式为代表，探讨分析工程管理模式特色及已取得的成效，并探索其他有效的经验措施；第十章介绍其他管理模式，并进行实证分析；第十一章主要基于我国农村供水工程管理现状问题及典型模式案例经验的基础上，从农村饮水安全工程管理体制、运行机制等方面，提出构建农村饮水安全工程管理长效机制建议，解决农村饮水可能存在的安全隐患，提升农村饮水安全保障水平。本书可为构建农村饮水安全工程运行管理长效机制提供理论和实践依据，为我国完善农村饮水安全管理体制机制提供一定的借鉴，还可为政府市政水务设施建设和管理提供科学参考。

本书第一章、第三章、第九章以及附录由兰州交通大学张洪伟编写，第二章、第五章由兰州交通大学王玥娜编写，第四章由兰州交通大学王恒辰编写，第六章由兰州交通大学张顺元编写，第七章、第十章由中国科学院生态环境研究中心尤立编写，第八章、第十一章由兰州交通大学李华编写。全书由张洪伟统稿。

本书得到了中国科学院生态环境研究中心强志民主持的国家重点研发计划"村镇饮用水水质提升关键技术研究与装备开发"项目

课题"村镇饮用水安全保障技术与管理综合体系"（2019YFD1100105）的资助支持，还得到了兰州交通大学环境与市政工程学院硕士研究生陈健、李思琦、汤文昊、费连跃以及兰州交通大学大学生绿色工程协会史新生、黄信传、张新雨等本科生在数据调研方面的支持，在此一并感谢。

由于作者水平有限，书中难免有不当之处，敬请同行专家、学者批评指正。

作者

2022 年 5 月

目录

第一章

我国农村饮水安全工程总体概况

第一节　农村饮水安全工程定义及分类

一、农村饮水安全工程定义

广义的农村饮水安全工程指：自 2005 年开始，我国针对农村地区饮水安全问题而在全国范围内实施的，旨在破解农村地区饮水不安全困境的一系列工程，包括从农村饮水安全问题识别、饮水安全工程规划实施以及后期饮水安全工程管理和维护等。而狭义的农村饮水安全工程，则是指为满足农村地区村民饮水水质、水量等方面需求而实施的农村供水工程[1]。

二、农村饮水安全工程分类

农村供水工程可分为集中式供水工程和分散式供水工程[2]。集中式供水工程是指以乡（镇）或者村为单位，从水源地集中取水，经净化和消毒，水质达到国家生活饮用水卫生标准后，利用输配水管网统一输送到用户或者集中供水点的供水工程。集中供水工程按供水规模又可分为Ⅰ型、Ⅱ型、Ⅲ型规模化供水工程以及Ⅳ型和Ⅴ型的小型集中供水工程（表 1-1）。分散式供水工程是指村民需要自己在居住点附近通过河渠、水井等获得生活用水，以户为单位或者联户建设的供水工程，供农户自己或若干农户使用。

表 1-1　　　　　　　　农村集中式供水工程按供水规模分类

工程类型	规模化供水工程			小型集中供水工程	
	Ⅰ型	Ⅱ型	Ⅲ型	Ⅳ型	Ⅴ型
供水规模 W /（m^3/d）	$W \geqslant 10000$	$10000 > W \geqslant 5000$	$5000 > W \geqslant 1000$	$1000 > W \geqslant 200$	$W < 200$

三、农村饮水安全工程特点

1. 农村供水工程形式多样

我国农村供水的水源、地形特点以及经济发展水平决定着我国农村供水工程形式的多样。除了在农村人口聚居区建设一些规模较大的水厂采取常规水处理工艺之外，还形成了一些与农村地势、经济条件相符的分散式供水工程，而对于一些山大沟深、村民居住分散且气候干旱的地区，采用集蓄雨水的方式进行供水；对于地表水较为匮乏的地区，则采用抽取深层地下水的汲井工程。我国村镇供水管网一般采用树状管网，因其具有造价低的特点而被广泛采用，但其也存在着末端管网水质问题和中途加压以及管道维护问题[3]。部分农村地区则利用地势差采取自流供水等方式。目前，很多地区正在探索和推广城乡供水一体化模式，依托城镇现有自来水厂，呈辐射状向周边农村进行管网延伸，打破了行政区划界限，既节省了工程建设成本，又确保了水质、水量的供给，避免了以村组为单位建设小型分散饮水工程的人力、物力、资源浪费现象。

2. 农村供水工程规模小、数量多

近几十年来，全国建成农村供水工程 1100 多万处，服务农村人口 9.4 亿，其中农村集中供水工程约 60 万处，近 95% 的工程属于小型分散工程。我国部分农村处于偏僻的山区、广袤的黄土高原或干旱的丘陵沟壑等地区，居民的分布比较零散，实际的用水量并不高。近年来，外出打工农村人口数量增加，农村人口流动性变大，农村用水人口减少，此种情况导致农村供水规模难以扩大。加之受地域限制，工程建设困难，耗资高，管理难度也相对较高。条件好的地区，一般实行乡镇（或联村）集中供水工程形式，供水人口可以达到几千人甚至上万人；条件差的地方，则只能实施村级分散式供水工程，供水人口往往只有几百人甚至几十人[4]。农村用水量主要指居民生活用水量、公共建筑用水量、消防用水量、浇洒道路和绿地用水量，与城市相比，少之又少。另外，一些地区农户根深蒂固的传统用水观念没有彻底改变，不愿在用水上多花钱，除了饮用水使用自来水之外，其他生活用水还在使用传统的井水或者河水等小水源，这也直接导致农村供水工程规模偏小。

3. 农村供水工程管理模式多样

农村地区的供水工程投资主要来源于国家政府的投资，或者是各省级市区配套以及村民的筹集而产生，同时也存在部分农村地区通过吸收社会资金的投入而发展供水工程。常见的农村供水工程管理模式主要有三种：一是地方水利部门或国有水务公司对规模相对较大的供水工程进行直接管理，包括工程的运行、税费收缴以及水资源的保护等；二是政府通过租赁、承包或者转让经营权等方式，实行企业化管理；三是政府针对农村小型分散供水工程适当地给予补贴，并将这些小型分散供水工程交由农民用水户协会、村委会等组织进行自管或自用等。

4. 农村供水工程公益性强、成本较高

农村居民是农村饮水工程的受益者，各级政府部门是农村饮水工程的投资建设者，就目前情况而言，我国农村饮水安全工程的数量很多，服务对象大多是农村居民，属于低收入人群，主要由财政部门给予相应的资金补贴支持，故公益性相对较强。而农村供水工程的规模较小，用水率又低，所以能够收获的经济效益也就相对较低，且由于地形、居住分散等原因导致工程施工单位投入的成本过高，所收水费大多难以维持工程正常运转。而农村饮水工程作为推进发展建设的关键一环，为更好地改造农村生活环境，改进农村饮水质量，未来农村地区的供水工程建设管理仍需加大投资力度。

第二节　农村饮水安全工程发展历程

农村饮水安全问题事关广大农民的生活质量和健康水平。新中国解决农村饮水安全问题的历史进程可划分为四个阶段：解决饮水困难阶段、解决饮水安全阶段、巩固提升饮水安全阶段和农村供水保障阶段[5]。

一、解决饮水困难阶段（1949—2004 年）

新中国成立后，党和政府对防旱抗旱、兴修水利和解决人畜饮水问题给予高度重视。1952 年 2 月 8 日，中央人民政府政务院印发的《关于大力开展群众性的防旱、抗旱运动的决定》强调："旱灾对我国农业生产的危害是具有历史性的"，要求"各地政府必须把防旱作为长期生产建设事业中的主要工作"。1957 年 9 月 24 日，中共中央、国务院发布的《关于今冬明春大规模地开展兴修农田水利和积肥运动的决定》指出，要"积极广泛地兴修农田水利""在牧区应该注意逐步解决人、畜饮水问题"。1965 年 8 月，水利电力部召开的全国水利会议强调，牧区和缺水地区的水利工作"要首先解决人畜饮水问题"。

20 世纪 50—60 年代，我国结合兴修水利工程，在一些地区有组织地开展了农村人、畜饮水解困工作，即组织缺水地区的农民在房前屋后挖水窖、打水井、修水池等，在发展农田灌溉的同时解决了农村部分地区的人、畜饮水困难。据统计，1957 年全国共有各类水井 774.49 万眼，比 1949 年增加了 2 倍多。

1949—1979 年，党和政府为解决农村饮水困难，组织农民开发利用地下水资源、修建小型灌饮结合工程，把解决农村人、畜饮水困难与兴修水利、防旱抗旱、农田灌溉结合起来，累计解决了 4005 万人、2096 万头牲畜的饮水困难。

1978 年，我国发生了历史上罕见的特大旱灾。受此影响，农村地区人、畜饮水困难愈加严重。据统计，1979 年，全国农村尚未解决饮水困难的人口数、牲畜数分别为 4075 万人、3051 万头。1980 年 4 月 13—19 日，水利部在山西省阳城县召开全国第一次农村人畜饮水工作会议，提出了解决农村地区人、畜饮水困难的五年奋斗目标，并制定了《关于农村人畜饮水工作的暂行规定（草案）》。1983 年 5 月 24 日至 6 月 2 日，水利电力部召开的全国水利工作会议提出，到 2000 年"基本解决全国农村和牧区的人畜饮水困难"。1991 年 11 月 29 日，中共十三届八中全会通过的《中共中央关于进一步加强农业和农村工作的决定》再次提出，到 20 世纪末"基本解决缺水地区人畜饮水困难"。

1980—1999 年，党和政府解决农村饮水困难以实施防病改水工程为主，通过打井、引河水、引泉水等途径改换原高氟饮用水源，或对原高氟饮用水源进行降氟处理，首次明确了农村饮水、缺水标准，首次制定了解决农村饮水困难的发展规划。

2000 年 2 月 28 日至 3 月 1 日，水利部召开全国水利厅局长会议，要求各地要"抓紧制定力争三年解决 2400 万群众饮水困难的实施计划"。6 月 11 日，水利部召开全国乡镇供水农村饮水工作会议，再次强调要"集中力量，用三年时间基本解决我国农村人口饮水困难问题。首先要确保解决 1993 年制定《国家八七扶贫攻坚计划》时在册、至今尚未解决的 2400 万人的饮水问题。与此同时，还要解决近年新出现农村饮水困难人口"。2001 年 12 月 30 日，水利部印发了《关于实施农村饮水解困工程的意见》，决定"十五"计划期间在严重缺水地区实施农村饮水解困工程。

2000—2004 年，党和政府解决农村饮水困难以实施农村饮水解困工程为主，中央财政"共安排国债资金 98 亿元，加上各级地方政府的配套资金和群众自筹，总投入 180 多亿元，解决了农村 5700 多万人口的饮用水困难"，其中"包括 370 多万农村人口饮用水氟砷含量超标问题"。这一阶段，我国再次明确了农村人口饮水困难标准，在有条件的地方优先建设集中连片供水工程，注重加强对农村饮水解困工程的管理，建立起良性运行的工程建设与管理机制。

二、解决饮水安全阶段（2005—2015 年）

截至 2004 年年底，"全国农村饮水不安全人口为 32280 万人，占农村人口的 34%。其中，水质不安全人口为 22722 万人，占饮水不安全总人口的 70%；水量、方便程度或保证率不达标人口为 9558 万人，占饮水不安全总人口的 30%"[6]。据此，中共中央、国务院在连续三年下发的推进农村、农业发展的文件中都包含农村饮水安全的内容。2004 年 12 月 31 日，中共中央、国务院发布《关于进一步加强农村工作提高农业综合生产能力若干政策的意见》中强调："在巩固人畜饮水解困成果的基础上，高度重视农村饮水安全，解决好高氟水、高砷水、苦咸水、血吸虫病等地区的饮水安全问题，有关部门要抓紧制定规划"。2005 年 12 月 31 日，中共中央、国务院《关于推进社会主义新农村建设的若干意见》提出："在巩固人畜饮水解困成果基础上，加快农村饮水安全工程建设"。2006 年 12 月 31 日，中共中央、国务院《关于积极发展现代农业扎实推进社会主义新农村建设的若干意见》明确指出："十一五"时期，要解决一亿六千万农村人口的饮水安全问题。由于受饮用水水质标准提高、农村水源变化以及早期工程老化、报废等因素的影响，截至 2010 年年底，全国农村饮水不安全人数为 29810 万人，其中，饮用水水质不达标的有 16755 万人，占饮水不安全人数的 56.2%，缺水（水量、方便程度和保证率不达标）的有 13055 万人，占饮水不安全人数的 43.8%。鉴于此，2010 年 12 月 31 日，中共中央、国务院《关于加快水利改革发展的决定》强调要继续推进农村饮水安全建设。到 2013 年解决规划内农村饮水安全问题，"十二五"期间基本解决新增农村饮水不安全人口的饮水问题。积极推进集中供水工程建设，提高农村自来水普及率。2012 年 12 月 31 日，中共中央、国务院《关于加快发展现代农业进一步增强农村发展活力的若干意见》重申"十二五"期间基本解决农村饮水安全问题。

这一阶段，党和政府实施农村饮水安全工程的政策措施主要包括以下几个方面：

（1）扩大农村饮水安全的解决范围。2005 年 12 月 20 日，国家发展和改革委员会（以下简称国家发展改革委）印发的《农村饮水安全工程项目建设管理办法》明确提出，解决农村饮水安全问题的范围主要是指解决农村（包括牧区、渔区和农村学校）人口的生活用水。这是我国首次把农村学校饮水问题纳入解决范围。2006 年 8 月 30 日，国务院常务会议审议并原则通过，2007 年 5 月 30 日国务院正式批准的《全国农村饮水安全工程"十一五"规划》首次把乡镇、国营农场和林场、新疆生产建设兵团的团场和连队等的饮水问题纳入解决范围。

（2）明确提出全国农村饮水安全工作目标。为加快解决农村饮水安全问题，尤其是部分地区水质严重超标问题，《全国农村饮水安全工程"十一五"规划》提出"十一五"时期要"解决 1.6 亿人的农村饮水安全问题（约涉及 15 万多个行政村），使农村饮水不安全人数减少一半，集中式供水受益人口比例提高到 55%"，重点解决饮用水中氟大于 2mg/L、砷大于 0.05mg/L、溶解性总固体大于 2g/L、耗氧量（COD_{Mn}）大于 6mg/L、致病微生物和铁、锰严重超标的水质问题。2012年3月21日，国务院常务会议审议通过的《全国农村饮水安全工程"十二五"规划》提出，"十二五"时期要解决2.98亿农村人口（含国有农林场）饮水安全问题和11.4万所农村学校的饮水安全问题，使全国农村集中式供水人口比例提高到80%左右。

（3）加强农村饮水安全工程项目建设管理。2005年，国家发展改革委印发了《农村饮水安全工程项目建设管理办法》；2007年，国家发展改革委对其进行了修订，形成了《农村饮水安全项目建设管理办法》；2013年，国家发展改革委再次对这一管理办法进行修订，形成了《农村饮水安全工程建设管理办法》，并于2013年12月31日颁布实施，对农村饮水安全工程项目前期工作程序和投资计划管理、资金筹措与管理、项目实施、建后管理、监督检查等做了明确规定。

（4）建立和完善农村饮水安全规章制度。2007—2015年，国务院有关部委相继印发了《农村饮水安全项目建设资金管理办法》《关于加强农村饮水安全工程卫生学评价和水质卫生监测工作的通知》《关于进一步加强农村饮水安全工程建设和运行管理工作的通知》《关于加强饮用水卫生监督监测工作的指导意见》《农村饮水安全工程建设管理年度考核办法》《关于加强农村饮用水水源保护工作的指导意见》等，进一步建立和完善了有关农村饮水安全工作的规章制度。

2005—2015年，党和政府解决农村饮水问题以全面实施农村饮水安全工程为主，农村饮水工程的重点由"解困"向"安全"转变，即由解决水量问题向注重水量与水质并进转变。这一阶段，我国"新建农村集中式供水工程23万处、分散式供水工程6万处"，全面解决了《全国农村饮水安全工程"十二五"规划》所确定的2.98亿农村居民和4133万农村学校师生饮水安全问题，同步解决了青海、四川、云南、甘肃等四省藏族群众主要居住的特殊困难地区规划外566万农村人口的饮水安全问题，农村集中式供水受益人口比例由2010年年底的58%提高到2015年年底的82%，农村自来水普及率达到76%，供水水质明显提高。

三、巩固提升饮水安全阶段（2016—2021年）

2015年12月31日，中共中央、国务院《关于落实发展新理念加快农业现代化实现全面小康目标的若干意见》提出，"十三五"时期要"强化农村饮用水水源保护。实施农村饮水安全巩固提升工程。推动城镇供水设施向周边农村延伸"。2016年1月1—12日，水利部召开的全国水利厅局长会议重申，"十三五"时期要实施农村饮水安全巩固提升工程，以进一步提高农村集中供水率、自来水普及率、水质达标率和供水保证率。2017年3月2日，国家发展改革委、水利部印发的《关于做好"十三五"农村饮水安全巩固提升工作的通知》强调，要准确把握实施农村饮水安全巩固提升工程的总体思路和工作目标，抓好重点任务落实，多渠道筹集工程建设资金，落实主体工作责任，强化规划实施等方面的监督考核。

2018年3月29日，中国水利学会发布了《农村饮水安全评价准则》（T/CHES 18—2018），其中规定了水质、水量、用水方便程度和供水保证率4项农村饮水安全评价指标，这4项指标全部达标才能评价为安全，4项指标中全部基本达标或基本达标以上才能评价为基本安全。只要有1项未达标或未基本达标，就不能评价为安全或基本安全。该准则为这一阶段通过实施农村饮水安全巩固提升工程来解决农村饮水不安全问题、不断提高饮水质量提供了依据。

这一阶段党和政府采取的政策措施主要包括以下几个方面：

（1）明确提出全国农村饮水安全巩固提升工作的总体目标。为了进一步提高农村集中供水率、自来水普及率、供水保证率和水质达标率，加快建立"从源头到龙头"的农村饮水安全工程建设和运行管护体系，国家发展改革委、水利部印发的《关于做好"十三五"农村饮水安全巩固提升工作的通知》提出了"十三五"时期全国农村饮水安全工作的总体目标："到2020年，全国农村饮水安全集中供水率达到85％以上，自来水普及率达到80％以上，水质达标率整体有较大提高，小型工程供水保证率不低于90％、其他工程的供水保证率不低于95％，城镇自来水管网覆盖行政村的比例达到33％，进一步健全供水工程运行管护机制、逐步实现良性可持续运行"。优先安排实施建档立卡农村贫困人口饮水安全巩固提升工程，全面解决贫困人口饮水安全问题。

（2）加强农村饮水安全巩固提升工程省级规划编制。2016年1月15日，国家发展改革委等部门印发的《关于做好"十三五"期间农村饮水安全巩固提升及规划编制工作的通知》指出《农村饮水安全巩固提升工程"十三五"规划》以省为单位，由省发展改革委会同同级水利、卫生计生、环保、财政、住房和城乡建设等部门组织编制，报省级人民政府批准，由地方政府组织实施，中央财政重点对贫困地区等予以适当补助。同时，作为通知附件下发的《〈农村饮水安全巩固提升工程"十三五"规划〉编制工作大纲》明确了规划的思路与编制原则、农村饮水安全现状评价与预测、规划目标与总体布局、建设标准与重点建设内容、投资估算与资金筹措、管理改革任务、保障措施等问题。

（3）加强农村饮水安全巩固提升工程责任监督。2019年1月2日，水利部印发的《关于建立农村饮水安全管理责任体系的通知》要求各地要全面落实农村饮水安全管理"三个责任"，即"农村饮水安全管理地方人民政府的主体责任、水行政主管等部门的行业监管责任、供水单位的运行管理责任"；"健全完善县级农村饮水工程运行管理机构、运行管理办法和运行管理经费'三项制度'，确保农村饮水工程有机构和人员管理，有政策支持、有经费保障"；创新农村饮水工程运行管理模式，"按照'谁投资、谁所有，谁受益、谁负担'的原则，推进农村饮水工程产权制度改革，通过确权颁证等方式，明晰工程的所有权、经营权和管理权"。

（4）加强农村饮水安全巩固提升工作考核。2017 年 7 月 1 日，水利部等部门联合印发了《农村饮水安全巩固提升工作考核办法》，明确规定了该考核的目的、依据、原则、内容、组织、方法等内容。考核内容主要包括：一是责任落实情况，主要考核省级政府或相关部门是否将农村饮水安全巩固提升任务完成情况及考核结果纳入对市县政府或有关部门的综合考核评价体系；二是建设管理情况，主要考核根据规划分解的当年年度任务完成情况，包括地方资金落实、受益人口、精准扶贫、农村集中供水率、自来水普及率、水质达标率、供水保证率和城镇自来水管网覆盖行政村的比例等情况；三是水质保障情况，主要考核截至当年年底水源保护区或保护范围划定、区域水质检测中心运行管理及水质达标等情况；四是运行机制情况，主要考核截至当年年底工程良性运行管护、安全生产、用水户满意度、信息化技术应用、宣传培训、材料报送等情况。

2016 年以来，党和政府解决农村饮水安全问题是以全面实施农村饮水安全巩固提升工程为主，强化水源地保护和水质监测检验，建设跨村、跨乡镇联片集中供水工程，推进城镇供水公共服务向农村延伸，提高城镇自来水管网覆盖乡镇行政村的比例。"十三五"期间，水利部会同国家发展改革委、财政部累计安排农村饮水安全巩固提升工程建设中央补助资金 296.1 亿元，各地共完成投资 2093.4 亿元，见表 1 - 2。其中西部地区农村建设投资占总投资的39%，中部地区农村建设投资占总投资的 36%，东部地区农村建设投资占总投资的 25%。2.7 亿农村人口供水保障水平得以提升，1710 万建档立卡贫困人口饮水安全问题全面解决，1095 万人告别了高氟水、苦咸水。全国农村集中供水率和自来水普及率分别从 82% 和 76% 提高到 88% 和 83%。

表 1 - 2 "十三五"期间农村饮水安全巩固提升工程投资情况 单位：亿元

投资	合计	2016 年	2017 年	2018 年	2019 年	2020 年
中央补助资金	296.1	30	37	76.3	121.7	31.1
各地完成投资	2093.4	243.1	439.8	523.1	553.7	333.7

四、农村供水保障阶段（2021 年至今）

随着乡村振兴战略全面推进，乡村振兴对农村居民生活水平的提升提出了更高要求。按照乡村振兴战略的总体部署要求，农村饮水安全方面还存在短板和不足，主要表现在水源还不稳定、一些乡村工程管护薄弱等。下一步，水利部门应将不断提升农村饮水标准，由农村饮水安全转变成农村供水保障。

2022 年第一季度，我国完成农村供水工程建设投资 154 亿元，提升了 429 万农村人口供水保障水平。2022 年年底，农村自来水普及率预计可达 85%，规模化供水工程覆盖农村人口的比例预计可达 54%。2022 年，水利部门扎实推进农村供水工程规模化建设和小型工程标准化改造，有条件的地区鼓励实行城乡一体化和千吨万人供水工程建设，实现城乡供水统筹发展，强化工程管理管护，推进农村饮水安全向农村供水保障转变。2022 年 4 月，水利部、财政部、国家乡村振兴局联合印发《关于支持巩固拓展农村供水脱贫攻坚成果的通知》，鼓励脱贫地区充分利用乡村振兴衔接资金支持农村供水工程建设，补齐农村供水基础设施短板。强化农村供水工程建设和管理，提升农村供水保障水平。

《重点流域水生态环境保护"十四五"规划编制技术大纲》指出，"十四五"期间，我国将稳步推进农村集中式水源保护工作，在集中式饮用水水源环境保护专项行动基础上，因地制宜确定农村集中式水源保护任务。对有条件的地市，可提出逐步推进乡镇及以下饮用水水源地排查整治工作任务。主要涉及水源保护区标识标志设置、隔离防护工程建设、保护区矢量边界确定、保护区内环境违法问题整治、水源汇水区范围内污染源整治、地下水源补给区污染治理修复等。

第三节　农村饮水安全工程发展现状

一、农村贫困人口饮水现状

水利部门把解决贫困人口饮水安全问题作为我国农村饮水的底线任务，到 2019 年年底，西藏等 23 个省（自治区）已完成农村饮水安全脱贫攻坚任务，仅剩新疆伽师县和四川凉山州 7 个县的 2.5 万贫困人口。2020 年，通过全力攻坚，对特殊地区挂牌督战，指导伽师县优化方案、调整工序、多开工作面，制订《凉山州农村饮水安全脱贫攻坚决战决胜工作推进方案》，实施清单化管理，6 月底全面解决了贫困人口饮水安全问题。在此期间，水利部、国务院扶贫办联合印发了《关于做好贫困地区农村饮水安全保障工作的通知》《关于进一步做好贫困人口饮水安全若干事项的通知》等文件，指导有关地方严密监测、全面排查贫困人口饮水问题，实现动态清零。经实地深入贫困地区抽查和农村饮水"回头看"暗访调查，贫困县整村、连片停水断水等问题得以全面解决，农村饮水安全脱贫攻坚成效显著。2020 年 8 月 21 日，我国在现行标准下已全面解决了贫困人口饮水安全问题。

二、高氟水和苦咸水等水质问题现状

为解决氟超标水、苦咸水等水质问题，水利部同国家发展改革委、财政部加大中央补助资金倾斜力度。财政部、国家乡村振兴局、卫生健康委，指导地方全面开展水质检测摸查，以县为单元编制改水方案，建立县级工程台账。甘肃、宁夏等6省（自治区）建立苦咸水分片包干联系机制，综合采取合格水源置换、净化处理和异地搬迁等方式。截至2020年年底，解决了975万农村人口饮水型氟超标问题、120万农村居民饮用苦咸水问题。河北省八成以上氟超标人口的饮水问题通过江水置换水源彻底解决。

三、农村人口供水保障水平情况

2019—2020年期间累计提升9713万农村人口的供水保障水平，超额完成2019年政府工作报告确定的"两年提升6000万农村人口供水保障水平"的目标。2020年间，各地加大对地方财政投入，充分利用地方债券、银行贷款和社会资本，积极整合扶贫资金和涉农资金，巩固提升了4233万农村人口供水保障水平。"十三五"期间，水利部会同国家发展改革委、财政部累计安排农村饮水安全巩固提升工程建设中央补助资金296.1亿元，各地共完成投资2093.4亿元，提高了2.7亿农村人口供水保障水平。在全国范围内普遍推行城乡供水一体化改革，400多个县（市、区）全面实现城乡供水一体化，例如江苏、安徽、福建、江西等省积极推进城乡供水一体化，河南濮阳市农村供水规模化、市场化、水源地表化、城乡一体化，宁夏彭阳县"互联网＋人饮"等，逐步示范推广城乡供水一体化。

四、农村供水工程管护情况

我国加大对农村供水工程维修养护资金补助力度，2019—2020年共下发39.6亿元，带动地方财政投入近27亿元，用以补助资金安排与各地水费收缴。我国逐步推进农村饮水管护工作，划定乡镇级及以下集中式饮用水水源保护区，已全面划定全国万人工程水源保护区。遴选首批100个农村供水规范化水厂，全面建立农村饮水安全管理"三个责任""三项制度"，农村供水工程运行管理已取得突破性进展。水利部印发《农村集中供水工程供水成本测算导则》《农村供水工程水费收缴推进工作问责实施细则》等制度。通过建立水费收缴台账，按月调度、暗访督查，逐级落实责任，实现农村饮水问题逐一解决。截至2020年年底，农村集中供水工程实行全面定价，实现了千人以上供水工程收费比例95%、水费收缴率达到90%的目标。现存的农村供水管理积极构建"建所到乡、运维到村、服务到户"的三级管护机制。以县级农村供水总站、自来水公司等为依托，推进村镇供水工程统一运行管理，对有条件的地区可积极推进城乡供水区域统筹管理，整体提升运行管理和技术服务水平。

第四节 工程运行管理的主要模式及特点

我国村镇供水由于工程的类型、规模多样，不同的自然、经济和技术条件以及当地政策影响下，供水工程管理模式也呈现多元化。我国村镇饮用水管理现存运管机构主要为地方政府、政府下设水务单位、企业、集体以及私人等。水务单位一般由水务局（水利局）主管村镇饮水工作，由农村人饮办公室、乡镇水管站、自来水公司、村委会等负责具体村镇运行管理工作。按照财产所有制形式，企业可划分为公有制企业、混合所有制企业和私有企业三种。集体可划分为村集体或用水户协会或社区等。

一、现存管理模式分类

（一）按投资建设方、经营方分类

分类供水管理模式应当明晰工程的产权和经营权[7]，而建设出资所属情况决定着工程产权所属。本书采取新的供水管理模式分类方法，即从投资建设方和经营方的角度出发，划分现存供水管理模式，将其分为政府建政府经营模式、政府建委托他人经营模式、政府建政府与他人共同经营模式、政府与他人共建共同经营模式、政府与他人共建由政府或他人经营模式、他人建他人经营模式，如图1-1所示。村镇供水工程管理属于公共物品管理范畴，除部分地区由于村民居住聚集区相距较远，无法实现管网延伸供水，由村民自建、自管的分散式供水工程来保障村民用水外，国家对于私人对公共物品占有或使用有着明确的规定，不得由私人或企业开发投资建设取用水资源这类公共物品，因此单独由私人或企业投资建设模式较少。

当投资建设方、经营权同属于政府时，现存的管理模式包含由县/乡政府组织专门事业单位机构管理的政府直管模式、政府下属单位管理的自来水公司负责供水运营的自来水公司管理模式、水利部门设立的基层水管站的水管站模式。

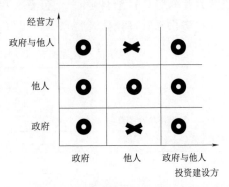

图1-1 按投资建设方、经营方
分类管理模式情况

（⊙表示可以组合的模式，✖表示不可以组合的模式）

当政府为投资建设方，将经营权转交他人时，可分为转交企业管理的国有水务公司管理模式、转交村集体的村集体管理模式、转交受益用水户组织的用水户协会管理模式、转交私人的委托运营管理模式[8]。

当政府负责投资建设，政府与他人共同经营时，较为常见的是采用"企业/自来水公司/乡镇水管站＋村自主/用水户协会模式"，该模式主要由供水管理机构或企业管理供水工程的主管道以及入村总表以上的工程，由村委会或供水协会采用村民集体模式来负责敷设到村的总表以下的管道及到用户家中出水口的管道[9]。该模式管理优点在于政府和社会各界共同管理，拥有政府保障的同时也鼓励社会各界参与供水管理，极大优化供水管理效率。

政府与他人共同投资建设共同经营管理的股份制供水企业管理模式即PPP供水管理模式[10]。该模式有效降低政府对村镇供水工程的投入成本，通过引入社会资本实现市场化运作，供水工程的运营方式和运营成本随着市场需求而变化，实现管理效益的最大化[11]。

政府与他人共同投资建设由政府经营管理模式一般见于当地对公益性事业的社会集资，但经营管理权仍属于政府。

政府与他人共同投资建设由他人管理有三种模式，这三种模式都由政府与他人共同出资建设，项目投资人与政府相关部门签署合同，获得项目的管护权力，分别是BOT模式、BOO模式和BOOT模式。BOT模式是建设后在相应期限内经营，期满后移交，即建设—经营—移交。BOO模式相比于BOT模式，获得经营权不将其移交给政府，即建设—拥有—经营。而BOOT模式相比于BOT，在合同期限内拥有工程经营权的同时获得部分所有权[12]，即建设—拥有—经营—转让。这三种模式在我国公共供水方面仍处于发展期。

他人建他人管经营模式中的自管模式常见于分散式供水工程的管理中，特点是自建自管，自给自足[13]，但普遍存在着供水水质无法保障的问题。

村镇供水管理模式及特点（按投资建设方、经营方分类）见表1-3。

表1-3　　　　　村镇供水管理模式（按投资建设方、经营方分类）

分　类	管　理　模　式
政府建政府经营	政府直管模式
	自来水公司管理模式
	水管站（水管所）模式
政府建委托他人经营	国有水务公司管理模式
	村集体管理模式
	用水户协会管理模式
	委托运营管理模式

分　类	管　理　模　式
政府建政府与他人共同经营	企业/自来水公司/乡镇水管站＋村自主/用水户协会
政府与他人共建共同经营	股份制供水企业管理模式
政府与他人共建由政府经营	政府组织（机构）管理模式
政府与他人共建由他人经营	BOT、BOO、BOOT 投融资管理模式
他人建他人管	自管模式

（二）按所有权和经营权分类

农村饮用水的公共物品属性决定农村供水工程的经营属性具有很强的公益性，多数投资主体主要以政府为主，还有少部分以政府和其他企业共同投资。投资主体决定农村供水工程的所有权，所有权主要以政府为主，经营者主要分为公有公司、股份制公司和不同类型公司等。根据这种情况，将我国现存的管理模式按所有权和经营权归属分为以下 6 种村镇供水工程管理模式，即县级事业单位管理模式（自来水公司、人饮站管理）、县级公有水务公司管理模式、县级以上公有水务公司管理模式、县级政府授权管理模式（承包、拍卖、租赁、特许经营等）、股份制公司管理模式、小型工程委托管理模式，各模式的主要特征见表 1-4。当供水工程的所有权属于县级政府时，经营主体为公有公司时为县级事业单位管理模式（自来水公司、人饮站管理）和县级公有水务公司管理模式，但二者的经营主体的法律地位不同，县级事业单位管理模式经营主体法律地位为事业法人，县级公有水务公司管理模式经营主体法律地位为企业法人。经营主体为不同类型公司时，管理模式有县级政府授权管理模式和小型工程委托管理模式。当所有权归属公有公司，经营主体也为公有公司时为县级以上公有水务公司管理模式。所有权归属多元化时，经营主体为股份制公司管理模式。

表 1-4　村镇供水工程管理模式的主要特征（按所有权和经营权分类）

管　理　模　式	投资主体	所有权归属	经营主体性质	经营主体法律地位
县级事业单位管理模式（自来水公司、人饮站管理）	政府	县级政府	公有公司	事业法人
县级公有水务公司管理模式	政府	县级政府	公有公司	企业法人
县级以上公有水务公司管理模式	多元化	公有公司	公有公司	企业法人
县级政府授权管理模式（承包、拍卖、租赁、特许经营等）	政府	县级政府	不同类型公司	企业法人
股份制公司管理模式	多元化	多元化	股份制公司	企业法人
小型工程委托管理模式	政府	县级政府	不同类型公司	企业法人

（三）按遵循法律体系分类

按照遵循的法律体系可将管理模式分为公法体系和公司法体系。当遵循公法体系时，管理模式包括公用事业单位模式和法人化的公用事业单位模式，两者属于地方政府的公共部门；当遵循《中华人民共和国公司法》（以下简称《公司法》）体系时，管理模式包括公有水务公司模式和私有水务公司模式。公有水务公司模式是指遵循公司法组建有限公司，但股份所有者是政府及下设机构。私有水务公司可分为授权私营管理模式和完全私营管理模式，两者区别为授权私营管理模式将供水设施管理权外包给私营企业，而完全私营管理模式是政府仅负责监管，全权由私营股份制公司管理[14]。村镇供水管理模式及特点（按遵循法律体系分类）见表1-5。

表1-5　　　　　村镇供水管理模式及特点（按遵循法律体系分类）

分　类	管理模式	特　点
遵循公法体系 （公有单位性质）	公用事业单位模式	供水公用事业属于地方政府的一部分，成为市/区的一个部门
	法人化的公用事业单位模式	完全公用设施以准法人实体进行运营模式。由高级政府官员组成委员会进行领导，如水委会、协会、管理局等。遵守公法体系，本质上意味着属于公共部门
遵循《公司法》 （以股份公司或有限公司的形式组建）	公有水务公司模式	遵循《公司法》组建有限公司，但股权所有者是地方政府、省政府，少数情况下还有代表中央政府的机构
	私有水务公司模式	一种是将供水设施管理权外包给私营企业，政府拥有其设施所有（授权私营管理模式）；另一种是政府负责价格监管，由私营股份制公司进行管理（完全私营管理模式）

（四）按供水受益范围分类

按供水受益范围可分为城市管网延伸工程、乡镇中心管网延伸工程和农村聚居地修建供水工程。城市管网延伸到农村管网的所建供水工程规模较大，应当由专业的水务管理机构或供水公司管理，包括专管机构管理模式、供水公司管理模式和股份制水务公司管理模式。该模式的特点是由城市专业管理机构和供水公司统一管理，由专业化机构或公司全权负责供水、维护、服务的一体化和高效化。以乡镇为中心建适度规模供水工程，将管网延伸向周围的农村的乡镇中心管网延伸工程一般采用乡镇供水站（水管所）管理模式和乡镇供水公司管理模式。农村聚集地所建设的小型农村供水工程，供水范围主要涉及农村。由于处于农村地区主要可分为政府设立专管机构管理、委托他人管理以及村集体自主管理这三大类。其中委托他人管理可细分为委托运行管理模式、产权拍卖运行管理模式、承包及租赁经营管理模式、竞标投资建设管理模式。村集体自主管理可细分为供水协会运行管理模式和村民自管模式。村镇供水管理模式及特点（按供水受益范围分类）见表1-6。

表1-6 **村镇供水管理模式及特点（按供水受益范围分类）**

范　围	供水工程规模	管理模式	特　点
城市管网扩展到农村管网供水	大规模集中式供水工程	供水公司管理模式	城市供水公司统一管理，在各乡镇设立自来水营业所，人员、经费、资产由自来水厂统一管理
		股份制管理模式（公司改革）	由政府和社会资本共同投资兴建的水厂通常采用股份制供水企业管理模式
		专管机构管理模式	主要由县政府组织人员，成立专门机构进行管理
以乡镇为中心建适度规模供水工程，将管网延伸向周围的农村	集中式供水工程	乡镇供水站（水管所）管理模式	乡镇设立供水服务站，设施所有权属于乡镇政府，服务站为自收自支、独立核算的法人企业
		乡镇供水公司管理模式	组建乡镇供水公司，统一管理乡镇范围内所有农村供水工程
农村范围内修建水厂供水	小型农村供水工程	委托运行管理模式	委托区域内有规模化专业管理的大中型供水工程，附近的小型工程可委托此类工程进行管理
		专管机构管理模式	政府下设专管机构村委会或村民小组管理
		产权拍卖运行管理模式	由村集体改造完成后，将饮水工程产权拍卖给个人，由个人负责饮用水的长期经营、管理和维护，产权年限一般为30年以上
		承包及租赁经营管理模式	不改变工程所有权的前提下，由产权所有者将经营管理权以合同方式委托给承包或租赁者
		竞标投资建设管理模式	村级的饮水工程推向市场，由个人独资或部分投资建设饮水工程，工程建设后的管理和收费由投资者负责，投资者上交管理费或获取利益分红，产权年限一般为30年以上
		供水协会运行管理模式	政府出面组织成立供水协会，对小型农村供水工程进行专业的管理
		村民自管模式	自管模式通常是几户或单户村民自建、自有、自管、自用的机制

二、管理模式选择的影响因素

农村供水工程管理模式选取应当考虑当地地理特征、水资源状况、当地经济发展状况、村镇未来发展规划等方面。

(一) 地理特征

农村供水工程的管理模式的选择应重点考虑当地地理特征因素，不同的地貌决定着农村供水工程的管理模式的不同。平原、山区、丘陵或沙漠等地貌特点决定了该地区的村民居住分散程度和供水方式，从而影响着农村供水工程的水源设置、净水方式、输配水设置、取水方式、运行管护特点等[15]，同时也决定着农村供水工程的供水成本和规模。不同的地理特征决定着工程供水方式不同，所采取的管理模式和经营方式也不相同。城市供水管网延伸/规模化供水工程由规模化供水公司管理，下设的乡镇水厂加压站应设有专业管护机构类似乡镇管理站负责管理维护，到各个村级管网也需要设置村管护点负责管理维护。城市供水管网延伸/规模化供水工程供水流程如图1-2所示。

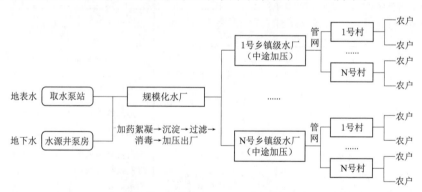

图1-2 城市供水管网延伸/规模化供水工程供水流程

对于乡镇聚集区供水一般采取乡镇小型集中供水工程管理。平原地区的乡镇小型供水工程，其管网延伸至村镇地区，为保障村镇地区的供水压力，设置中途加压泵站，需设置管理点负责中途加压泵站的管护工作。山区的乡镇供水工程设置中途加压泵站，将水加压至高位水池，依托山区地形自流到村镇蓄水池再供给农户。在管护过程中应当设置专门机构负责中途加压和高位水池的管理维护。图1-3为小型集中式供水工程供水流程。

部分农村地区采用分散式供水工程，在平原地区设立水源井泵房采用直接开采地下水的形式将水供给农村地区。在山区，将水送至高位水池，从高位水池自流到农村管网送至农户。图1-4为分散式供水工程供水流程，一般采用农户或集体自建自管的管理模式。

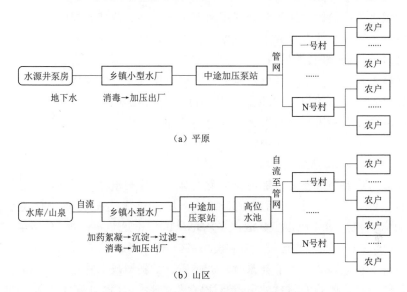

图 1-3 小型集中式供水工程供水流程

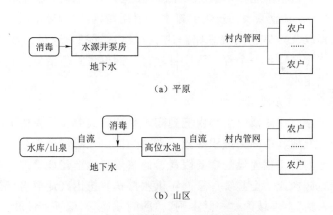

图 1-4 分散式供水工程供水流程

（二）水资源状况

水源的水质和承载能力也是农村供水工程模式选择的重要参考因素。水质良好、水量充沛、开采后不影响原有功能的地表水源，或不会引起地下水水位持续下降、水质恶化或地面沉降的地下水源，可以作为大中型农村集中供水工程的水源；对于水源水质、水量不能满足要求的，需要更换或增加水源、增加调蓄工程或实施跨区域调水时，此时进行大规模集中供水可能会极大增加投资、增大供水成本。

（三）当地经济发展状况

农村供水工程的资金投入决定着后续的规划发展，当地经济发展水平决定着农村供水工程模式选择，充分利用原有设施，避免浪费，同时也可避免或减少给原供水工程经营者造成损失，以免影响农村供水工作开展。

（四）村镇未来发展规划

农村供水工程建设应考虑当地村镇发展总体规划、发展需求和区域经济结构，提出农村供水的规模和质量要求。村镇发展规划决定着未来人口的聚居区，同时也取决着未来村镇供水工程管网延伸区域以及供水工程建设规模等方面[16]。下面介绍几个典型案例。

1. 水资源现状典型案例

环县地处毛乌素沙漠边缘，陇东黄土高原丘陵沟壑区，属残塬沟壑区向沙漠区的过渡地带。环县总面积 $9236km^2$，境内梁峁沟壑纵横，有大小沟道1.74 万条，农户居住地相当分散，平均每个山头不足 3 户，近 30 年年均降水量 400mm 左右，而年均蒸发量却高达 1800mm，属于干旱地区，全县人均淡水占有量不到 $100m^3$，属于资源型、水质型、工程型缺水并存。受山大沟深的地形条件限制，环县农村饮水安全工程建设、运行管理难度大，效益难以发挥。为解决农户饮水问题，环县采取因地制宜，分类施策的管理方法，通过"集蓄天上水、提取地下水、淡化苦咸水、引用黄河水"四水齐抓工程、智慧调度中心工程以及一体化发展思路解决农村饮水问题，通过形成"全县一张网、供排一体化、城乡一个价、调度自动化"的供水管理格局，有力地保障了全县城乡居民用水[17]。

2. 地理特征因素典型案例

潍坊全市域自北向南，山势由低到高，呈台阶式分布。大体上可分为北方为环渤海滩涂低地、中间为沉积平原、南方为低山丘陵三个地貌。地貌条件复杂、多样，是制约工程建设的主要因素。通过依托地形建设管网，在人口相对密集的平原地区形成"全县统一管网"供水模式，按山区地形实行依水源建设的"一流域一网"，县域内"一县多网""网间互通"，偏远郊区城市管网扩建、延伸工程，相对偏远山区单村人口规模较大，采用整村单独供水模式[18]。依托地势建设工程，打破区域限制，使工程发挥效益最大化。

3. 当地经济发展状况因素典型案例

景县地处华北漏斗区，地下水超采严重，是地下水高氟区，农村饮水安全一直是景县党委政府牵挂的大问题。为进一步修复生态环境，提高农村饮水安全，2016 年以来，景县立足县情，先后分四期实施了南水北调农村生活水源置换项目，让景县人民喝上放心水。9 月 5 日，河北省衡水市景县北留智镇水厂成功置换长江水，景县为期五年的农村生活水源置换项目圆满完工，包括县城居民在内的全县 53.7 万人全部喝上长江水。景县 2019 年度农村生活水源置换项目总投资 1.118 亿元，设计包含景州镇、安陵镇、刘集乡、梁集镇及连镇乡共 5 个乡（镇）、8 个水厂。该项目以景县地表水厂为中心，利用加压泵站与新建供水管道向有关乡镇集中供水水厂供水。工程涉及供水管线总长 52.97km，项目实施后，可解决 13.52 万农村人口的饮水问题[19]。该项目的建设主体为水利工程队，责任主体为景县水务局，监督主体为市县纪检监察部门和景县水利工程质量监督站。

4. 村镇未来发展规划因素典型案例

浙江省东阳市立足已有饮水建设成果，综合采取配套、改造、升级、联网等方式，采用多种方式实现农村饮水保障。一是筹集资金多元化。采用"三方资金筹集"模式，其中市财政投资 1.97 亿元、供水企业投资 5.96 亿元、村户自筹 0.6 亿元，累计完成 26.38 万人口饮用水达标提标。二是远近结合，打破行政规划界限。科学合理规划"村—村、乡—乡、镇—镇"管网建设，重建村内管网"一户一表"工程，将单村供水工程从 382 座减少到 50 座，并投入各类资金 8.53 亿元，促使农村饮用水规模水厂覆盖率从 74% 提升至 97.4%[20]。三是因地制宜，保障山区水源水质。立足当地、兼顾长远，在偏远山区新建山塘、堰坝、集水池等蓄水工程提高水源保证率；采用陶瓷膜深度处理等先进制水工艺，保障优质出水，在农村普遍实现从"保供水"到"供好水"的转变。累计受益人口 26.38 万人，人口覆盖率从 80.5% 提升至 99.9%。四是强化管理，完善运行管护机制。控制管网漏损率，减轻设备运行负荷。统管单位水投集团按照"规模化发展、标准化建设、专业化管理、企业化运营"的要求，加强工程运行管护力度、管护水平和巡查频次，紧盯管护平台，保证设备设施正常运行。

5. 其他因素典型案例

肃南裕固族自治县隶属于甘肃省张掖市，是中国唯一的裕固族自治县，属于天然草原放牧为主的畜牧业县。该县农村牧区地域辽阔偏僻，水资源时空分布不均，因牧民特有的逐水草资源丰沛程度而居的生活方式决定了农牧民流动性大，牧民定居点分散，相隔较远，导致农牧民的供水方式主要以部分集中供水和远距离输送等方式为主。因牧业分散，且地下水资源丰富，通常靠人工挖掘水井。肃南县现存的供水方式有集中供水模式、水塔供水模式、水井供水模式以及远距离拉水模式等，牧区牧民常采用的是水井供水模式。集中供水模式所采用的供水管理模式为县红湾供排水公司管理模式，水塔供水模式所采用的供水管理模式为水管所管理模式，而水井供水模式则采用的供水管理模式为牧民自管模式。

三、常见管理模式选择情况

我国的最常见的村镇运管模式为县级事业单位管理模式、县级公有水务公司管理模式、县级政府授权经营管理模式、股份制供水企业管理模式、用水户协会运行管理模式、村集体管理模式、自管模式等。

由于农村饮水工程的公益性，部分村镇地区供水管理模式全权由政府管理农村饮水运营，县级事业单位管理模式主要应用于农村地区修建的各类供水工程。该模式在农村地区应用较为普遍。县级事业单位管理模式中主要由县水务局下设的村镇饮水安全管理所（专管机构）负责全县农村饮水安全工程的规划、申报立项、招投标管理、合同管理以及建设、质量、竣工验收及运行管理等工作。水管所管理到村，村委会管理到户。村委会负责饮水工程的管护、巡查等工作，随时对村级管网、检查井及其附属物进行巡查、检修和维护，村委会无法排除的故障和隐患，应及时和水管理所联系，共同解决存在的问题。

县级公有水务公司管理模式主要应用于大型集中供水工程，包括城乡供水管网延伸工程和集中联片供水工程。该模式由自来水公司统一负责城乡供水工程的水质检测、运行维护和水费收取等工作。

县级政府授权经营管理模式包括承包、拍卖、租赁、特许经营等方式，主要应用在供水规模适中，具有一定经营能力的农村供水工程。授权经营管理模式是村集体或政府将饮水工程建设完善后，对于部分经营运作不良的村镇供水工程，将饮用水经营权承包给个人，由个人负责建后的收费和管理，赋予一定的产权年限，一般为 20 年左右。基于公益属性和政府资产管理的考虑，需要由政府落实水价，确保工程保本微利运行，还需要加强监管，避免出现为节约成本而忽略水质的情况。

股份制供水企业管理模式一般应用于经济发展水平较高、供水规模较大的农村供水工程。股份供水企业管理的具体运作模式可分为：①对原有的水厂请造价评估公司对其产值进行评估，新水厂建成后，按照双方投资的比例进行股份划分，分别持股，以股份制有限公司进行经营，按照股份的多少进行盈利分红。水厂的经营管理人员面向社会进行公开招聘。②对完全新建水厂采取股份制公司化管理模式，办法是对不同水厂规模和类型的供水工程研究产权归属、出资人代表、管理主体、水价形成机制、工程运行管理制度等，利用市场机制进行农村饮水安全工程建设和运营管理，吸取民营企业参与投资、建设、运营、管理。

用水户协会管理模式和村集体运行管理模式一般应用于联村或单村供水工程。在受益农户民主协商的基础上，依托村民小组或村委会组建多种形式的农村供水组织，实行自主管理。部分规模较大的跨村集中供水工程，采取专业管理机构与用水协会相结合的管理办法，依托企业高质量服务和农户的自主性管理，实现专业化管理。对组织能力和协会人员要求较高，需要能够协调当地政府和农村居民的关系，保障水费收入合理使用并积攒维修养护基金[21]。

几种常见的农村饮水工程管理模式举例如下：

案例1：吉林省梅河口市政府统筹负责农村饮水安全的组织领导、制度保障，管理机构、人员和工程建设及运行管理经费落实工作，明确有关部门农村饮水安全管理职责分工。水利部门负责制定农村饮水工程规划，并组织实施。主要职责为农村饮水工程建设和运行管理中的技术指导、业务培训以及监督检查等工作。乡镇政府建立乡镇自来水管理站，并成立农村饮水安全管理领导小组，负责解决本辖区内农村饮水安全的组织领导、制度保障、管理经费、用水调度、安全运行、水源保护、水费征收、日常维修管护等工作。

案例2：甘肃省定西市通渭县农村供水服务有限公司负责农村供水工程服务管理、水费收缴、工程维修抢修、农村自来水安装、供水材料供应、水表校验等。农村供水管理所为全县农村供水工程的专门管理机构，农村供水管理所下设农村供水管理站负责区域内农村供水工程的水费收缴工作和村级管网以上（不含村级管网）主体工程的管理、维修及养护，并为村管小组（或农民用水者协会）和用水户提供技术服务。各乡镇水利管理站监督农村供水管理站的工作，负责指导农村供水工程村管小组（或农民用水者协会）建设，协调处理农村供水工程运行管理过程中的安全生产、水事纠纷等工作；督促做好供水设施的维护管理和水费收缴等工作。

案例3：云南省云县大朝山西镇文物村良子组农民用水户协会。文物村距镇政府所在地4km，全村有1561人，其中良子组有400人。大朝山西镇文物村良子组农民用水户协会成立于2009年6月20日，协会制定了章程，建立健全了工程管理、财务管理等各项规章制度，并经用水户代表大会表决通过[22]，让用水户有章可循。同时依法进行了登记注册，成为一个具有独立法人资格的民间社会团体。协会理事会理事长及理事由协会会员民主选举产生，由5人组成。协会开设独立的银行账户，依照水利工程管理单位财务管理制度设置独立的财务账目，并聘请水费义务监督员3名，对财务运行状况进行监督。协会分设了会计和出纳人员各1名，资金专户，财务实行独立核算，专人管理，专款专用。水费的收支每年对群众公示两次，时间为每年6月30日和12月30日，水费主要用于支付管理人员工资和主管道的更换、改造及水污染防治、水源点的绿化等。设置了专门的水费公开栏，实行"三公开一监督"，即水费、水价、水量三公开，接受用水户监督。老百姓都很愿意自觉缴纳水费，工程建成运行六年来，水费计收率达到100%，管理人员认真负责，群众也很满意。

案例4：四川省雅安市名山区农村供水主要有4种渠道：一是以区农村供水总厂及蒙顶山供水站为供水源的涉及全区13个镇（街）24万农村人口的集中式农村供水[23]，区人民政府引入城乡供水一体化PPP项目后，全区农村供水交由雅安国润供水有限公司运营管理；二是以民源公司水厂为供水源的名山城区及经开区城区周边村社的农村供水（已于2021年由区水务投资有限公司收购，并纳入城乡供水一体化 PPP 项目，由雅安国润供水有限公司经营）；三是由原乡镇管理供水站改制后交由私人经营的供水站供水（百丈玉泉水厂）；四是因地理条件限制，采用山泉、溪流、水井、蓄水池等小型集中供水工程方式自主取水的农村供水。雅安市名山区通过 PPP 项目引入国有企业，推进村镇供水规范化管理。2021 年，区水投公司完成对民源水业有限公司的并购，并交由国润供水有限公司运营，全区实现供排水一体化管理。

第二章

工程运行管理存在的主要问题及成效

第一节 存在的主要问题

一、农村供水缺少多元协同治理

　　水务管理体系包含政府、市场、用水户，三者缺一不可，互相联系、互相牵制。若仅由某一方来全权负责，水务管理系统则无法实现正常良性运行；若仅由政府一方全管，由于政府既是"运动员"，又是"裁判员"，加之缺乏市场运作经验，势必会造成内部管理混乱，管理效率低下，工程运行无法保障，长期会造成工程经营连年亏损，加重政府负担；若仅由市场化运作，会造成以牟取利益为主，价格无法监管，用水户无法承担用水价格，使用其他用水方式；若由用水户或集体负责，则会出现任意开采水资源的现象，水质无法得到保障。政府的监管作用，市场的运营作用，用水户的参与和监管作用，这三者在构建村镇饮用水管理长效机制中互相作用、互相影响。

　　现实是对于村镇供水这类公益性事业，其回报利润率低，社会资本参与的积极性不高。大部分按照政府管理模式运作，未构建起切实可行的绩效考核制度，市场化运作严重不足。若政府与企业无法形成良性的政府监督与市场运作的互动机制，则会导致市场垄断，哄抬水价[24]。若企业出现连年亏损，未建立完好的企业退出机制，将会无法吸引企业参与村镇供水或其他公共事业当中。政府与用水户之间双向沟通不畅，政府管护组织内部层层授权，仅有上层管理人员掌握充足的决策权，公众处于被告知者，没有真正参与讨论和制定决策的地位。虽然设立村镇饮水安全工作监督电话和电子邮箱，但受制于信访处置流程复杂，处理反映的问题具有一定的延迟性。从实际来看，公众无法起到真正参与决策的作用。由于决策者缺乏对实际信息获取的能力和解决供水问题的经验，导致制定的政策与实际情况不符，则会出现用水户对管理者决策不满的现象[25]。

二、基层水管力量薄弱

基层水管力量是村镇供水事业发展的根基，保障了基层农户的用水权益和村镇供水工程长久效益的发挥。村镇水利管护机构和队伍在基层供水管理中发挥着至关重要的作用。部分村镇地区没有设置村级水管员，对村级管护不予重视，没有正式成立水管员编制制度，而是聘用临时工负责维修养护。不少地区虽实行水管员培训上岗制，规范设置村级水管员制度，但由于村水管员工资一般较低，大多都放弃该岗位，选择外出务工。另外，水管员流动性较大，综合素质和专业技术能力相对较低，影响供水运作的长期效益发展[26]。现存设置村级水管员的地区，村级水管员一般由村委会成员兼任，学历水平较低，专业知识了解不多，缺乏村镇供水维护经验，不能及时发现供水过程中存在的问题并有效解决，村级工程运行管理无法保障。

从饮水安全工程分布情况进行分析，饮水工程较分散，既增加了管理工作的难度，也使很多工程项目建成后产权不清，直接造成管理机构责任不明晰，管理、维护责任难以落到实处。部分供水工程管理人员专业能力偏低，未进行规范化的技能培训，无法满足运行管理工作提出的现实要求。

三、农村供水成本相对较高

首先，受农村用水波动较大、供水工程设计等因素的影响，供水项目设计规模超出现实用水量，造成供水成本偏高、资金浪费及设备闲置等问题，没有将供水规模化优势充分发挥出来；其次，农村安全饮水工程运行电价偏高，电费收缴依据变压器收基本电费；最后，一些地区水费收取不合理，使得供水成本增高。

1. 工程规划设计不科学

农村饮水安全工程要根据农村发展实际进行规划设计，由于整体投资金额相对较小，且容易受到外界因素的干扰与阻碍，缺乏相关的规章制度加以约束，一些工程设计脱离实际，严重影响工程实际使用效益。农村饮水工程散而多，设计单位要根据施工可能遇到的问题不断优化设计方案，保证工程建成以后有良好的使用效益。

2. 农村饮水安全工程优惠政策落实不到位

还惠于民是开展农村饮水安全工程遵循的重要理念。整体上看，有关农村饮水安全工程的优惠政策落实较好，但个别区域政策落实不到位，工程在建设过程中缺乏政策支持，工程成本高[27]。

四、运行经费严重不足

村镇供水工程的运行经费主要来源于水费和政府补贴，而水费收缴主要取决于水价和当地政策。部分乡镇将饮水作为公益事业,仍存在部分村镇供水不收费,政府福利水的现象[28],造成了供水工程运行困难和难以维护。因此,制定合理的政策,将"福利水"变为计量收费的"商品水"显得极为重要。

水费收缴率高低和水价的高低呈正相关。科学定价是提高水费收缴率的前提,水价过高或过低直接影响村民的缴费意识和用水方式。部分村、屯供水实行摊销水价,水价低、水费收入少,没有计提折旧专项费用,没有足够资金用于设备、管路老化维修。水价承受能力低,无法满足饮水工程正常运营成本,也很难从中提取维修养护基金,导致工程正常运作出现困难[29]。水价过高则会导致群众水费收缴意愿不高。

与城区相比,村镇地区具有经济落后、发展缓慢、村民收入低的特点,使水费收缴难度增加。部分村镇实行总表计量,部分村民对缴纳水费金额存在困惑,存在不予缴纳或扯皮的情况,既加大了工作难度,又无法足额缴纳水费。加之农户用水缴费意识薄弱,进一步加剧水费收缴的难度,导致水费成本无法回收,工程运行持续亏损,只得严重依赖政府补贴,加重财政负担。

政府自筹资金不足,但用于村镇供水工程的造价逐年上涨。特别是山区严重缺水地区,供水工程造价过高,中央补助标准仍按之前标准,远远低于实际造价[30]。再加之偏远地方财政普遍困难,资金配套压力过大,受益群众自筹资金不到位,还有一些山区村屯未能实现供水入户,工程没有发挥最大的效益,常年亏损问题较为常见[31]。工程运行基本以政府财政补贴为主或以工补农、以城补乡等形式为主。运行经费无法保障也就意味着不能发放管理人员工资,管护人员缺乏,无法实现供水工程管理好、运营好。

五、用户服务保障体系有待完善

村镇供水管理服务保障村镇供水工程的良性运营和村镇居民的饮水安全,在村镇供水管理系统中发挥着极其重要的作用。供水工程建设再完备,也需要专业完善的后期维护进行保障。经过调研发现,政府和用水户反映我国村镇供水服务主要存在的问题有服务机构不健全、服务队伍建设不足、技术装备不齐全、服务管理制度不健全、信息化服务建设不完备、用户服务无法保障。

各地的服务机构建设水平不一,服务保障较好的地区不仅设有专业服务点而且开展物业化服务承包,服务保障落后地区建设有乡镇村供水服务机构普遍存在机构职责不明确、专业维护人员缺乏,服务意识不足等问题。还有部分村级自管小型集中式和分散式供水工程由于地处偏远,未成立专业的基层服务工作机构,由村委会及用水户自行负责维护。专业服务机构建设不足,导致缺乏专业服务团队,无法及时提供专业的技术咨询、维修养护、药剂材料设备供应、水质监测等服务,没有相应的物资储备,无法应对出现的供水紧急事件。

由于大部分地区存在村镇供水管理服务制度不健全的问题，缺少工程维修养护服务制度、人员培训制度、水质检测制度、服务收费标准等制度的建立，无法通过制度来规范服务行为和手段，无法保障村镇供水管理服务。信息化服务落后，未建设共享服务信息交流平台；信息化水平落后，导致无法将网络技术与供水服务相结合，用户不能获取便捷化服务。据 2022 年水利部统计，12314 监督举报服务平台转办核查的问题中，79.6% 是农村饮水问题[32]。因此，用水户服务问题值得重点关注。尤其是贫困地区和供水薄弱地区缺乏相应的工程设备供应和维修养护技术，水质监测和工程维护服务严重不足。

六、智慧化、信息化建设水平总体不高

水务信息化平台建设完善程度不高，大部分地区未实行水务管理。由于未建设水务信息化管理平台，多数基础的供水管理任务主要依靠人工管理维护，费时费力，效率低下。从维护效率方面，对于管网出现漏损问题只能事后补救，无法提前对管道压力异常情况进行监测预警，应采取及时的维护补救措施。从水质安全方面，无法及时对水质情况实时在线监测，上传水质相关数据，仅通过定期抽查送样等方式监测，水质结果具有滞后性，不能实时获取水质检测最新数据。从水费缴纳方面，人工收取水费不仅增加水管人员工作压力而且存在水费收缴困难等问题。从管护信息公开方面，无法实现水务信息数据交换和共享，无法实现数据可视化，无法为供水决策提供相关数据分析，导致供水管理信息的滞后性。

第二节 取得的重要成就

2021 年 2 月，习近平总书记在全国脱贫攻坚总结表彰大会上庄严宣告，脱贫群众饮水安全也都有了保障，许多农民告别苦咸水、喝上了清洁水。到 2021 年年底，全国共建成农村供水工程 827 万处，全国农村集中供水率达到 89%，农村自来水普及率达到 84%，规模化供水工程覆盖农村人口的比例达到 52%。"十三五"期间提升了 2.7 亿农村人口供水保障水平，全面解决了 1710 万建档立卡穷困农户的饮水安全问题，1095 万人结束了饮用高氟水、苦咸水的历史[33-34]。我国农村集中供水率从 82% 提高到 88%，自来水普及率从 76% 提高至 83%，实现村镇自来水普及，城乡供水同质化，改善当地农户的生活质量和生活水平。根据联合国儿童基金会和世界卫生组织数据，我国是 21 世纪以来改善农村人口饮水状况力度最大的国家，为联合国可持续发展议程中水目标的实现作出了突出贡献。

一、解决了贫困人口急难愁盼喝上放心水的问题

党的十八大以来，水利部门举全行业之力，聚焦深度贫困地区，着力解决"两不愁三保障"突出问题，累计安排贫困地区中央水利建设投资 5442.2 亿元，1710 万脱贫人口饮水安全问题得到全面解决，水利短板不断补齐，为巩固拓展脱贫攻坚成果、全面建成小康社会提供了强有力的支撑。例如，甘肃省立足贫困退出验收，加快实施"1＋17"精准扶贫农村饮水安全支持计划，对建档立卡贫困人口的饮水安全实行清单式管理，推进农村饮水安全长效机制建设，截至 2020 年年底，甘肃省 31 个县（区）完成苦咸水改水投资 6.89 亿元，受益人口 39.52 万人；湖南省委、省政府连续 17 年将农村饮水安全列入省政府重点民生实事工程，省水利厅精准排查全省存在饮水安全问题的建档立卡贫困人口和非贫困人口，并制订整改方案，按照贫困人口"一户一策"、非贫困人口"一村一策"，分类解决，全省 580 万建档立卡贫困人口饮水问题持续保持动态清零，做到"不落一户、不漏一人"；四川省近年已累计解决 276 万贫困群众的饮水安全问题，但局部地区因水成疾、饮水不便等现象尚未根除。为推动深度贫困地区水利脱贫攻坚工作，加大对深度贫困地区的支持力度，四川省水利厅制订了深度贫困地区农村饮水安全技术帮扶工作方案，成立 13 个技术帮扶小组，分别到阿坝藏族羌族自治州、甘孜藏族自治州以及凉山州 11 个深度贫困县驻县帮扶，并成立常态化调研帮扶组，深入深度贫困县开展督导调研，确保了深度贫困地区贫困人口饮水安全问题的全面解决，贫困地区百姓全面喝上了"放心水"。

二、促进了城乡居民基本公共服务均等化

全国 80％以上的农村居民用上了自来水，便捷的饮水条件大大减轻了农村居民拉水挑水的繁重劳动，解放了农村劳动力，增加了丰富多彩的业余生活，全面改善了生活条件。"多亏了引洮工程，喝上了自来水，口感甜甜的；种上了蔬菜大棚，腰包越来越鼓。"甘肃省白银市会宁县土门岘镇村民张思万啧啧称赞，"水一通，好日子水到渠成，2020 年大棚菜纯收入 2 万多元。"陕西省汉中市宁强县罗全岩村修建供水工程后，自来水进入厨房，当地发展庭院经济，该村一年就可生产食用菌 15 万袋，创收数十万元[35]。"以前种玉米，一亩地收入 1000 多元，种上蜂糖李，一亩地收入上万元。"四川省宜宾市叙州区安边镇大滩村村民翁云洪是向家坝水电站库区移民，说起村里的新产业，他心里抹了蜜，"移民后期扶持政策和'三峡种子基金'让我们发展产业有了信心。"截至 2022 年，"三峡种子基金"累计惠及 3.5 万余人受益，户均年增收 5700 元，乡村振兴有了"发展水"。

三、有效保障了农村群众健康水平

氟超标、苦咸水一度影响农村居民身体健康。"十三五"期间,各地通过水源置换、水质净化和易地扶贫搬迁等措施解决了 1095 万农村人口饮用氟超标水、苦咸水的问题,全国农村氟超标、苦咸水问题都得到了妥善解决。截至 2020 年 10 月底,通过江水置换(南水北调中线调水)、新辟合格水源等方式,河北省 276.2 万农村人口饮水型氟超标问题得到全部解决。苦咸水问题向来是甘肃省的历史性难题。截至 2020 年年底,甘肃省 31 个县(区)共完成苦咸水改水投资 6.89 亿元,121 处工程全部完工,受益人口 39.52 万人,村民们告别苦咸水,喝上了"卫生水"。

四、显著改善了农村人居环境

农村地区大部分主要劳动力均外出务工,留守的妇女和儿童承担着取水、浇地等任务,通自来水后,一方面减轻了老人及妇女儿童的生活负担,提升了生活质量;另一方面也提高了儿童尤其是女童的入学率。自来水入户的地方,许多农户购置了洗衣机和太阳能热水器,生活卫生条件得到明显改善[36]。新疆维吾尔自治区北部的布尔津县的灭列依古丽·合孜尔一家是 2016 年住进牧民定居房的,刚搬过来时因为没有自来水,生活十分不便,偌大的院子也是空荡荡的,自从实施自来水入户项目后,不仅改善了一家人的饮水条件,而且小院也被规整得越来越美丽,院子种了各类蔬菜,并且开了一家商店,生活过得越来越好了。

五、有力促进了民族团结和社会稳定

各地把少数民族地区群众的饮水困难优先解决,投资上给予重点支持,政策上给予大力扶持。优先解决了少数民族地区的饮水安全问题。特别是处于边疆地区的少数民族,解决饮水安全问题后,改善了生产生活条件,提高了身体健康水平,为保障国家安全作出了贡献[37]。内蒙古阿巴嘎旗有个嘎查(村)是中蒙边境的抵边村,属严重缺水地区,农牧民需到 30km 以外的地方拉水吃。饮水工程建成后,为守土戍边的牧民安心生活生产提供了有力保障。新疆柯坪县的地下水、地表水大多属于"苦咸水",2018 年城乡饮水安全工程通水后,村民说:"水的味道和商店里卖的矿泉水一样。"从此,正式告别了喝"苦咸水"的历史。

农村饮水安全的成功实践说明,这项工作是深受广大农村群众欢迎的"德政工程""民心工程"。各地在实践中创造了许多好的做法,积累了丰富经验,这是一笔宝贵的精神财富,对今后进一步搞好农村供水工作具有重要的指导价值。

第三章

甘肃省张家川县"规模化发展"模式

第一节　张家川县供水工程现状

一、张家川县总体概况

(一) 基本概况

张家川回族自治县（以下简称张家川县）位于甘肃省东南部，天水市东北部、陇山西麓，东接陕西省陇县，西连甘肃省秦安县，北毗甘肃省华亭县、庄浪县，属黄河中游黄土丘陵沟壑区。地理坐标为东经 $105°54′\sim106°35′$，北纬 $34°44′\sim35°11′$，东西长 62km，南北宽 48km，总面积 1311.8km^2。该县管辖 15 个乡（镇）、255 个行政村。2020 年末，张家川县常住人口为 24.44 万人，其中城镇常住人口 7.32 万人，农村常住人口 17.12 万人。张家川县以回族为主，其他民族有汉族、满族、藏族、蒙古族等。

(二) 自然地理情况

张家川气候差异较大，年平均气温 7.5℃，无霜期 163d 左右，全年日照时数 2044h。张家川深居内陆腹地，地处东南、西南季风交互影响的边缘地带，属温带大陆性季风气候。张家川地势由东北向西南倾斜，以山地为主，最高点为秦家塬石庙梁，最低点为龙山镇马河村，海拔为 $1486\sim2659.4$m。东北部陇山巍峨，峻岭重叠；西南部山峦起伏，沟壑纵横。源于陇山纵贯全境的 6 条山梁，宛如手指，自东北向西南伸展。境内地貌复杂，东北部为陇山石质、土石山地，中东部为红土与红砂岩黏土相间山地，中西部为黄土梁峁沟壑山地。张家川地貌大体上由梁峁、沟壑、川台、河谷四部分形成。

(三) 水文水资源情况

张家川多年平均年降水量 513mm，年蒸发量 1349.1mm。地表水可利用总量 8000 万 m^3，地下水可开采量 2322.83 万 m^3。根据 2010 年数据统计，张家川境内水资源量为 2.1 亿 m^3，地表水资源较为丰富，为 1.7 亿 m^3，境内河溪沟岔泉水分布比较广泛，散布着大小泉池 500 多眼，年泉出露总量为 150 万 m³。

张家川县境内除西北部有部分水系直接汇入葫芦河支流水洛河，东北部有部分汇入陕西省千河外，其余 5 条较大的河流自西向东分布，主要有清水河、后川河、樊河、汤峪河和马鹿河。清水河在县境内长 43.8km，境内流域面积 350.87km²，年均自产径流量为 3087.7 万 m³；后川河在县境内长 40.08km，流域面积 317.76km²，年均自产径流量为 3177.6 万 m³；樊河在县境内长 34.56km，流域面积 168.06km²，年均自产径流量为 2100.80 万 m³；汤峪河县在境内长 19.38km，流域面积 75.29km²，年均自产径流量为 1091.7 万 m³；马鹿河在县境内长 34.14km，流域面积 252.7km²，年均自产径流量为 4801.3 万 m³。

张家川县地表水水源共有 3 处，分别为东峡水库、石峡水库、马鹿河。各水库的分布情况为东峡水库位于渭河二级支流南河上游张家川镇峡口村，距离县城 6km。坝址以上流域面积 64.8km²，主河槽长 8.02km，多年平均年径流量 907 万 m³。石峡水库位于渭河二级支流清水河上游，坝址在张棉乡庙川村，距张棉乡 6km，距张家川县城 35km，地理位置为东经 106°11′49″，北纬 35°08′38″，主河槽长度 12.5km，控制流域面积 32.6km²，多年平均年径流量 456 万 m³。马鹿河发源于县内闫家乡西北部的糜叶子洼，由西北流向东南，流经闫家、马鹿两乡，于马鹿乡寺湾村出境入清水县长沟河，汇入陕西省宝鸡县通关河，再南流宝鸡凤阁岭入渭河，流长 66.84km，流域面积 425km²。县境内流长 34.14km，流域面积 252.7km²。落差 200m，平均坡降 0.58%。年降水量 670mm，年径流深 190mm，年径流模数 5.70m³/(s·km²)，多年平均年径流量 4801.3 万 m³，占总径流量的 28.5%。多年平均流量 1.522m³/s，占总流量的 24.8%。水流泥沙少，年均输沙量 19.5 万 t，境内植被良好。

地下水水源 198 处，自西向东，分布在全县 15 个乡（镇）。水资源总量 1.27 亿 m³，人均占有量 369.8m³/人。

二、供水工程总体情况

2005 年之前，甘肃省张家川县农村饮水安全工程大都建于 20 世纪 80—90 年代，工程建设标准低，且经多年运行，有一部分工程损坏严重，严重影响效益发挥；水利设施老化，供水能力不足，水量、水质都已不能满足人们日常需要；用水方便程度低，远距离运水给群众生产生活带来极大不便[38]。

自 2005 年国家启动实施农村饮水安全工程以来，张家川县坚持把此项工程作为加快扶贫开发、攻坚克难的头号工程，累计投资 4.6 亿元，新建

497.86 万 t 水厂 6 座[39]，累计解决 15 个乡（镇）250 个行政村 6.0012 万户 29.48 万农村人口饮水不安全和不稳定问题，全县农村饮水安全已实现全覆盖，集中供水率达到 100％，通村率达到 100％，入户率达到 96.4％以上，供水保证率达到 95％以上，水质达标率达 95％以上[40]，为打赢打好脱贫攻坚战奠定了坚实基础。

三、供水工程运营管理情况

张家川县创新管理体系，健全了"169"运行管理体系，即县有 1 个管理站、工程有 6 个管理所、乡（镇）有 9 个服务点。县管理站对工程的运行管理负总责，六大管理所既负责水厂运行，又承担所在地乡（镇）供水的运行管理，9 个服务点负责辖区内的运行管理，服务半径控制在 10km 之内。张家川县农村饮水安全工程实行管理所与乡、村两级管理小组联合管理的模式进行管理，管理单位一般管理到村（自然村），村管小组管理到户，对不具备管理到户条件的村，管理单位只承担收费到户的责任，同时由管理单位和受益村、户分别签订管理协议，明确各自的责、权、利。张家川县农村供水管理组织机构如图 3-1 所示。

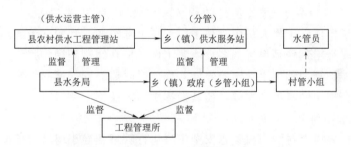

图 3-1　张家川县农村供水管理组织机构图

（一）总体分工

县水务局是农村饮水安全工程运行管理的行政主管部门，负责农村饮水安全工程的运行、监督和管理，协同相关部门对饮用水源地进行划分保护；在国家没有维护管理项目经费的前提下，县财政对已解决的农村饮水不安全人口每人每年给予 5 元的财政补贴，以后根据新增人口按同样标准递增财政补贴，用于保证集中供水工程的正常运行管理；为稳定现有管理人员，提高工资待遇，充分发挥其技术特长，更好地服务于群众，县人力资源和社会保障局负责将招聘管理人员纳入城镇职工社会养老保险统筹范围；县卫生和计划生育局负责农村供水卫生监督和水质监管工作，建立和完善农村饮用水水质监测网络；县环保局负责饮用水水源地的环境保护和水污染防治工作；县物价局负责供水水价的核定与监管；县审计局对水费的管理和使用进行监督；县电力局提供电力保障、落实优惠电价政策；乡镇人民政府按照责任划分履行好辖区内的管理责任，并协助农村供水工程管理所做好组织、协调等工作，保障农村饮水安全工程的正常运行。

（二）机构及职责

1. 县农村供水工程管理站

县农村供水工程管理站隶属县水务局，其职责为：负责编制全县农村饮水安全工程规划；组织实施农村饮水安全工程建设及全县农村供水工程运行管理工作；负责做好水源地及供水水质监测工作，保障水质安全；指导全县乡（镇）、村供水、饮水和节约用水工作。

2. 管理所

管理单位根据工作需要成立各基层供水工程管理所，管理所为农村饮水安全工程管理的专业组织。其主要职责为：负责本区域内农村饮水安全工程村网（不含村级管网）以上主体工程的管理、维修、养护和水费收缴，并为村组、用水户提供技术服务，保证水质安全和正常供水。管理所实行专业化管理，商品化供水，企业化经营，社会化服务。

3. 乡管小组

各有关乡（镇）成立农村饮水安全工程运行管理领导小组，组长由乡（镇）长担任，工作人员由驻村干部和村干部组成。其职责为：协助管理所做好饮水安全工程受益村组的各项协调工作及群众纠纷处理，并督促受益村村级管网的维护管理和用水户水费收缴工作。同时监督管理所的工作，对存在的问题提出合理化的意见和建议，使其发挥更大效益。

4. 村管小组

受益村要成立村级农村饮水安全工程运行管理领导小组，组长由村干部担任，并根据本村（自然村）实际情况确定村级水管员（组员）。其职责为：负责维护、维修村级管网，督促用水户按期缴纳水费，保证本村供水工程正常安全的运行。村管小组还应当随时对村级管网、检查井及其附属物进行巡查、检修和维护，村管小组无法排除的故障和隐患，应及时和管理所联系，共同解决存在的问题。

（三）产权及责任划分

1. 产权归属

农村饮水安全工程是以国家投资为主体建设的集中供水工程。其水源工程、泵站工程、电力设备、高位水池、供水干支管（以供水干支管道与村级管网"T"接点为界）的所有配水工程，产权隶属国家所有。村级管网（以村级供水管道与入户工程"T"接点为界）产权归村级集体所有，入户工程（以巷道支管"T"接点到用水户的水龙头）属群众自筹资金购置的，其产权属用水户所有。

2. 责任划分

产权属国家所有的工程由各管理所依照相关的规章制度依法进行管理，因管理不善造成的一切损失由管理所承担。产权属村集体所有的村级管网由村管小组负责运行维护管理，如出现管道跑、冒、滴、漏现象，村管小组应积极组织群众投劳，管理所提供维修材料和技术服务。村级管网因管理不善导致房屋、道路、农田等水毁损失及造成人身安全事故，其责任和一切后果由村管小组和用水户承担。产权属用水户所有的入户工程由用水户自行管理，管理及维修费用由用水户自行承担，因管理不善造成的所有损失由用户承担。

（四）水价核定及水费收缴

管理所实行有偿供水，计量收费，自主经营的原则，其水价由市、县水利部门按工程实际运行成本核算，报物价部门批准后执行。水价以公示的形式向社会公开，接受社会和群众监督。

张家川县农村饮水安全工程水费收缴根据各村实际情况实行以下两种收费模式：

（1）收费到户模式。当用水总量不足工程设计供水量的50％时，管理单位执行基本水费（当用户每月用水量不足 $2.5m^3$，按 $2.5m^3$ 标准水费计收，超过 $2.5m^3$ 时，按实际用量计收）和年预收水费制度，按年为收费周期，收清本年度水费后并预收下年度水费，在出现水表无法计量时，按基本用水量计收；用水户逾期不缴纳水费的，按日加收 2‰ 的滞纳金，经催缴无效的，可以停止向其供水。村管小组应及时督促用水户积极缴纳水费，如出现行政村水费收缴率低于85％时，乡管小组应在5日内督促村管小组和用水户交清水费，若督促无效时，管理所可以停止供水；管理单位建立水费专户，实行收支两条线管理，将收缴的水费统一上缴县非税收入管理局，由县非税收入管理局再校拨到县农村供水管理站，实行报账制管理使用，收缴的水费主要用于管理所管辖的所有主体工程运行、维修、维护管理及人员工资，不得乱支乱用，保障工程良性运行。

（2）收费到村模式。对收费到村的实行先交费、后供水的办法，村管小组根据本村用水量到管理所预交水费，用水户水费由村管小组收取；以村（自然村）安装总表，用水户一户一表，村管小组入户抄表登记，并按物价部门核批的水价，向用水户计收水费，水损部分由村管小组分摊用水户。村管小组对逾期不交水费的，按日加收 2‰ 的滞纳金，经催缴无效的，村管小组可以停止供水；村管小组收取的水费要建立专户管理，实行财务公开，由管理所和乡管小组进行监督，所收水费用于向管理所缴纳水费和村级管网维护。

农村饮水安全工程设计用电量由县电力部门在政策允许的前提下按有关规

定纳入全省农业排灌电价控制基数，按地表水、地下水扬程分别执行相应类别的农业排灌优惠电价。建立农村饮水安全工程运行管理专项补助制度，对实际供水价格达不到成本水价和供水工程用水量达不到设计标准的，县财政适当予以补贴。

（五）规章制度

县政府先后印发了《张家川县农村饮水安全工程运行管理办法》（张政发〔2015〕119 号）、《张家川县农村饮水安全工程维修养护基金管理办法》（张政办发〔2016〕125 号）以及《张家川县农村饮水安全动态监测工作方案》（张水发〔2021〕61 号）等农村饮水相关制度文件，健全完善了县级农村饮水工程运行管理机构、运行管理办法和运行管理经费"三项制度"，确保了农村饮水工程有机构和人员管理，有政策支持，有经费保障。

第二节 规模化发展思路及成效

一、"规模化发展"特色模式

张家川县水资源匮乏，时空分布不均，区域水源不足是实现全县农村饮水安全化的主要障碍，农村饮水安全工作应立足当前、着眼长远，超前谋划。为保障全县供水安全，张家川县采取"以大并小，以大带小，能并则并"的策略，突出规模化发展，坚持规划引领。

在建设前期根据县域地形地貌等自然特点以及县域水资源时空分布不均等情况，提出"以水源定规模、按地势建工程、规划一次到位、分年组织实施"的建设思路，在深入调查摸底的基础上，组织水利专家和技术人员，编制完成了《张家川县农村饮水安全工程总体规划》，形成了以东峡、石峡两座水库和马鹿河为主要水源，以六道梁为重点的跨乡镇、跨流域的农村饮水安全工程建设总体规划[41]。

在工程设计中坚持"宜大则大，能大则大"的原则，注重规模效益，委托有设计资质的设计单位。认真进行项目设计方案论证比选，细化村组覆盖范围和解决的户数、人数，按照先难后易整乡整村推进的设计思路，编制年度实施方案。同时张家川县的两处工程还因地制宜覆盖了临县的部分乡村，科学的规划设计实现了效益的最大化。

基于上述规划设计，按照缺水的程度，先难后易，自西向东逐年建设工程，经过 10 多年连续不断的建设，充分利用 20 世纪 70 年代建成的两座水库和马鹿河水源，建设了六大跨乡镇、跨流域的"千吨万人"集中供水工程，分别是连五梁农村供水工程、刘堡梁供水工程、龙山镇供水工程、渠子梁供水工程、平安梁农村供水工程、马鹿梁农村供水工程。六大供水工程覆盖全县，一次到位，分年逐步实施，实现了规模化供水，构建优质供水支撑体系。

除此之外，张家川县还超前组织设计了"四库互通互联工程"，先后建成了石峡水库、东峡水库和富川水库，正在规划建设花园水库。四座水库全部建成后将形成东中西相结合，互通互联的调水机制，通过东水西调，保障全县群众全年不间断用水，让安心水润泽百姓心，从根本上满足全县人畜饮水安全的需要，全县经济社会发展在相当长时期不会受到水资源的限制和制约。

二、取得的主要成效

通过水源工程和供水工程建设，有效解决了全县 29.48 万农村人口饮水安全问题，农村饮水安全工程集中供水率达 100%。县城周边 5 个村共 1.97 万农村人口由县城自来水解决，实现真正意义上的农村饮水全覆盖。探索出了符合实际的运行模式，保证六大集中供水工程联网运行，为全县广大农村群众提供优质的供水服务，使受益区群众吃上了干净、卫生的自来水，解决了吃水难的问题。

甘肃省政府在张家川县召开了全省农村饮水安全建设管理现场会，推广了在建设和管理取得的成功经验。水利部组织中央各主流媒体集中进行了采访报道，在全国有关会议上做典型交流发言，省内外有 40 多个县现场观摩交流，为全国同类型区农村饮水安全建设管理起到了引领示范作用[42]。

第三节　其他的经验做法及措施

一、强化制度建设和政策扶持，构建长效运行管理机制

全面落实"三个责任"，健全"三项制度"，制定出台了《张家川县农村饮水安全工程运行管理办法》《张家川县农村饮水安全工程维修养护基金管理办法》等政策性文件，工程管理单位与各村签订运行管理协议，明晰了工程产权，落实了管理责任，实现了县有管理站、工程有管理所、乡镇有服务站的管理模式。在机构保障上，批复成立了农村供水工程管理站和水质检测中心，调配和落实了专业人员。在工作扶持上，人社部门将管理人员列入公益性岗位，物价部门及时核实批复水价，电力部门落实优惠电价，各部门各司其职，协调推进，全面保障了供水工作的安全有序运行。

同时，政府加大供水管理的扶持力度，县财政在十分困难的情况下，按受益人口每人每年 5 元的标准及时足额拨付工程运行管理补助经费，每年安排水

质检测药品购置费 7 万元、信息监控中心运行费 5 万元，并协调落实了 0.09~0.11 元/(kW·h) 的优惠电价，有效降低了运行成本。根据维修养护基金管理办法，按照水费收入的 10% 提留大修基金，保障了工程维修维护。

二、注重建管同步，创新管理模式

坚持建管一体，工程开工时同步成立管理机构，提前做好运行管理功课，熟悉管网与设施布局配置，对施工过程中出现的设计不完善或缺陷及时进行调整和补充，对施工质量进行跟踪监督，有效保证了工程规划设计合理、施工质量达标，实现了建设与管理无缝对接。按照县有供水管理站、工程有管理所、乡镇有服务站的三级管理模式，建立健全了"169"运行管理体系，县供水管理站对工程运行管理负总责，6 个工程管理所负责水厂运行及所在乡镇的维修服务，9 个乡（镇）供水服务站负责辖区内供水管理，服务半径均在 10km 以内。目前有 39 名管理人员，实行全员岗位聘任制，工资采取基本工资加绩效工资的方式发放，并办理了"五险"，平均月工资高于全县平均水平。张家川县探索建立了基本水费加计量水费的两部制水费收缴机制，全县实行 3.9 元/m³ 一价制水费标准，每户年均基本水量 30m³，一次交费 117 元，超用续交；水费全额上缴财政专户管理，做到了依规收缴、规范管理、群众自觉自愿缴费，保证了工程良性运行。管理人员实行全员聘任制，工资采取基本工资与绩效工资相结合的方式发放，工程运行成本低，管护维修及时，真正实现了"建得成、管得好、用得起、长受益"的目标。

三、科学合理制定水价，专款专户规范使用

张家川县建立了基本水费加计量水费的两部制水费收缴机制，坚持收费到户的原则，全县实行 3.9 元/m³ 水费标准。针对外出务工等人口流动大的实际，实行两部制水价，收取基本水费，即用户每月用水量不足 2.5m³ 按 2.5m³ 计收，超过 2.5m³，按实际用量计收。以年为收费周期，一次性收取基本水费 117 元，一年期满不足 30m³ 按 30m³ 计收，预交水费不再退还，超出部分按实际用量计收，在预收下年度水费的同时，清收上年度超出部分，中途水费用完后，以实际用水时间按月收取基本水费后再重新充值。

对于机械水表，由管理员上门收费，以年为收费周期，一年收一次，清收上年的同时预收下年的基本水费。对于智能水表，用户持水卡到收费大厅充值，水费收缴实行收支两条线管理使用方式，收入全额上缴财政专户，按管理单位需求财政全额返回。在管理方式上实行供水管理单位"通水、建卡、计量、收费、维修"到户的"一站式"服务模式，解决了服务群众"最后一米"的问题。在财政、审计部门的监督下，水费收入收得规范、用得安全[43]。

四、加强水源保护，规范水质检测

为保障从源头到龙头全流程放心，对 3 处水源划定了水源保护区，设置防护围栏和警示牌，安装视频实时监控；6 处供水工程都安装了集絮凝、过滤、沉淀为一体的净水装置和消毒设备，出水安装了水质在线检测仪；建成了能够检测 42 项指标的县级水质检测中心和日检测常规 9 项指标的水厂化验室，配备本科以上专职检测员 7 名，按规范要求对水源水、出厂水和末梢水进行检测，实现了水质检测常态化、规范化、制度化，有效保证了水质安全。

五、高效优质服务，突出便民利民

坚持划片包干、责任到人，每名管理人员平均负责 8～10 村，约 2600 户群众的维修服务工作，保证了户有故障不停村、村有故障不停片、片区故障不停网。设立了中西部 2 个供水维修材料中心仓库，为管理所配备了皮卡车、发电机等交通维修工具，提高了故障维修时效。在中心城镇设立了 8 处收费大厅或服务室，方便了群众就地就近交费。向群众发放了服务明白卡，明确区域管理人员、服务项目、收费标准、投诉电话等，所有管理人员随叫随到、上门服务。由于管理严格、维修及时、服务周到，农村供水赢得了广大群众的一致认可和广泛赞誉。

第四节 建 议 及 展 望

（1）进一步完善供水网络格局。按照"拓大网、联小网、强骨干、成系统"的建设思路，持续推进引调水工程建设，优化区域、流域水资源配置格局，科学谋划推进农村供水规模化、市场化、水源地表化、城乡一体化，构建水源保障、区域互联、应急有备、环境宜居、智能感知的全域供水网络格局。

（2）进一步巩固农村供水保障体系。对规模化供水工程实施水源地扩建，全面改造老旧工程，规范提升小型工程，提升供水系统的稳定性。推动农村供水工程建设的专业化、市场化、社会化，积极推进水利工程管养分离，通过政府购买服务等方式，由专业队伍承担工程养护。完善千人以上工程净化消毒设施设备，强化水质检测，不断提升农村供水保障水平。

（3）针对农村地区专业技术管理人才缺乏现状，组织编写浅显易懂的农村供水工程技术手册和有关培训教材，开展专业化培训，提高管理人员的知识水平和管理技能，打造出一支专业知识丰富、实际操作能力强的维修养护队伍，切实提高农村供水管理效率。

（4）应完善农村饮水安全工程的台账构建工作。从工程的设计、施工、验收、运营、维修直到报废，包括各项指标数据，随时更新，每年汇总上报。每一年根据实际情况，在已建台账的基础之上进行添加新建农村饮水工程的基本信息，以及复核现有工程的运行情况（是否正常运行、工程维修、报废等情况）、受益人口与建档立卡人数等，及时提交更新台账数据。台账的构建将为下一步开发全区农村饮水安全工程信息管理系统打下基础。

（5）提高水质监测的整体水平。积极建立农村饮水安全工程的水质监测机构的同时招聘具有专业水平人员充实机构，强化对农村饮水的监测样本分析，确保农村水质安全。提升水质监测系统机动、快速反应能力和自动测报能力，实现水功能区内重点地区、重点水域和供水水源地的水质监测，提高水质监测信息数据传输和分析效率。在满足各级水行政主管部门及社会公众对水质信息需要的同时，提高对突发、恶性水质污染事故的预警预报及快速反应能力[43]。

（6）进一步提升供水服务能力。坚持供水正常、维护及时、服务到位的原则，积极应对新形势，不断探索新途径，及时解决新问题，实现水源充足、水质达标、体系规范、机制健全、收费合理、运行良好的供水长效管理。

第四章

河南省清丰县"城乡一体化"模式

第一节　清丰县供水工程现状

一、清丰县总体概况

（一）基本概况

清丰县是濮阳市下辖县，位于河南省东北边陲，濮阳市北郊，东与山东省莘县毗邻，南与河南省濮阳市接壤，西邻安阳市内黄县，北靠南乐县，西北隔卫河与河北省魏县相望。总人口 66 万人，辖 5 镇 12 乡，503 个行政村。2021 年年末全县总人口 75 万人，常住人口 58.44 万人。全县城镇化率达到 31.45%。

清丰县版图略呈长方形，东西长约 35km，南北宽约 25km，总面积约 828km^2，其中耕地面积 82 万亩（546.67km^2），人均耕地 1.31 亩（873.33m^2），是河南省 47 个扩权县之一。

（二）自然地理情况

清丰县地处黄卫平原，黄河冲积扇的北缘地带，地形较为平坦。地势西南高东北低，西南最高点海拔 53.5m，东北最低海拔 44.2m，地面自然环境坡降为 1/5000～1/7000，属于微倾斜平原区。清丰县属温暖带半湿润大陆性季风气候，四季分明，春季干旱少雨，夏季炎热多雨，秋季凉爽干燥，冬季寒冷少雪。年平均气温 13.3℃，极端高气温 42.5℃，极端低气温 −20.2℃，多年平均无霜日数为 161d，历年平均日照时数为 2240.7h，历年平均风速为 2.5m/s[44]。

（三）水文水资源情况

清丰县属海河流域，主要河流有卫河、马颊河、潴龙河，引黄入冀补淀总干渠、第二濮清南干渠，地表径流来自天然降水，引水工程来自于黄河。

卫河系中国海河水系支流，因春秋时属卫地得名，古称白沟、御河，隋代称南运河，唐宋称永济渠。发源于河南省辉县太行山脉，向东北流经浚县、汤阴、内黄、清丰、南乐、大名等县,于山东省临清市入南运河,至天津入海河。卫河从内黄县流入清丰县境,长 9.7km,控流面积 74km^2,占全县总面积的 8.5%。

马颊河源于河南省濮阳县西水坡。流经濮阳县、华龙区、清丰县、南乐县,经山东聊城市、临清市,至无棣县黄瓜岭以下流入渤海。清丰县境内流长 25.9km,控流面积 542km^2,占全县总面积的 62.1%。

潴龙河源于濮阳县清河头乡,经市区岳村进入清丰县境,蜿蜒贯穿 9 个乡(镇)、187 个行政村,在清丰、南乐县界阎王庙入马颊河。境内河长 68.4km,流域面积为 266km^2。

引黄入冀补淀工程是国务院确定的节水供水重大水利工程之一,是国家战略工程,也是雄安新区生态水源保障项目,对雄安新区水资源保障具有重要作用。工程主输水线路长 482km,其中河南省境内 84km,清丰县境内 24km。

受自然地理环境的影响,清丰县地表水资源匮乏,因此清丰县村镇供水水源主要为地下水。据统计,全县各村镇共有饮用水井 162 眼,使用地下水的人口约 64 万。对地下水的过度依赖造成地下水超采现象严重,已经形成了濮阳—清丰—南乐浅层地下水漏斗区。受原生水文地球化学变化规律的影响,县域内大部分地区浅层地下水为苦咸水,且氟含量超标[45]。

二、供水工程总体情况

面对地下水供水的严峻现状,河南省水利厅多次召开相关会议,研讨城乡供水地下水水源置换问题。为了彻底解决清丰县老百姓吃水难的问题,当地政府积极落实中央提出的"城乡供水一体化"政策,积极谋划水源置换,实施了"丹江水润清丰"城乡供水一体化项目。丹江距离清丰县 700 多 km,2017 年引水项目开始实施,2020 年清丰县正式通水饮用。

"丹江水润清丰"城乡供水一体化 PPP(政府和社会资本合作)项目,主要采用的 PPP 模式为建设—运营—移交(BOT),利用南水北调清丰中州固城自来水厂的富裕供水能力,联合使用现有和新建供水设施进行供水,最高日供水量为 3.97 万 m^3。项目供水范围覆盖清丰县下辖的 15 个仍以地下水为饮用水源的乡镇,服务面积 778.7km^2,服务人口 64 万人,实现了清丰县全域城乡供水一体化的目标[46]。

项目共新设输、配水管道 256km,新建供水厂 3 座、加压泵站 1 座,更换 IC 卡式水表 18.41 万个。智慧水务主要建设内容包含 3 座新建水厂和 1 座新建加压泵站信息化设计、17 个现有水厂信息化提升改造和新建管网信息化监测工程,智慧水务中控室设置于清丰县固城水厂,在 3 个新建水厂和 1 座新建加压泵站内均分别设置分控室。濮阳市清丰县已实现城乡供水"同源、同网、同质、同管理、同服务",与此同时农村水费收缴率超过 92％。

三、供水工程运营管理情况

整个项目建设采用政府和社会资本合作（PPP），由社会资本与政府出资方代表共同出资成立项目公司。项目总投资 3.85 亿元，其中利用上级压采资金 0.92 亿元，社会化融资 2.93 亿元。项目资本金比例为 20％，总额为 6147.38 万元，其中政府方出资 615 万元，其余部分由社会资本方筹集。项目公司承担该项目范围内新建供水管网和供水设备设施的维护管理、存量资产的运营管理、村民用水服务、供水工程施工、工程咨询与服务等。

项目新建部分采用 BOT 模式运作，存量资产由项目公司无偿获得经营权，同时负责运营维护。项目合作期为 30 年，包含建设期 2 年、运营期 28 年。在水费方面，依据原水费、动力费、工资和福利费、维修费及管理费，核定运营水价为 3.52 元/m³，实收水费坚持农村居民用水价格不高于城市居民用水价格的原则，城乡居民水费统一为 1.75 元/m³（不含水资源税及污水处理费）。按规定随水费代收的南水北调原水费 0.86 元/m³ 一并纳入水费结算，并适当考虑乡镇二次加压费用，最终收费价格为 2.65 元/m³，运营水价不足部分由政府补贴[47]。

水费征收采取以下方式：①通过无源水表预付费；②用户根据智能远传水表上传的用水量数据，通过手机 APP 在线缴费；③直接抄表到户，用户通过手机 APP 在线缴费或到营业厅现金缴费。在财务方面，农村供水公司财务部对水费进行集中统一管理。乡镇服务大厅收取的现金水费当日存入当地银行，然后汇入县级账户；利用手机上缴的水费直接存入县级账户。各乡实行收支两条线，分别记账，单独核算。在薪酬和绩效管理方面，明确岗位职责，分别制定定量和定性考核指标，将指标分解到人。实行全员低底薪、高绩效、奖金向一线倾斜、多劳多得、奖金多样化且可重复拿、奖优罚劣等薪酬制度，极大地调动了员工的工作积极性。在服务方面，每个乡都设置服务大厅，实现缴费、报装、维修一站式服务。同时公开服务热线，实现 24 小时响应，保证 1 小时到达现场。

第二节 "城乡一体化"供水模式特色及成效

一、"城乡一体化"模式特色

为了全面提升水务系统运行管理水平和科学决策能力，"丹江水润清丰"城乡供水一体化PPP项目积极应用云计算、大数据、物联网、移动应用、智能控制等"新IT"技术,实现了从水厂的供水量、水质、管网流量等实时数据监控,到乡镇加压厂站的实时数据,再到终端用户的用水量等相关数据自动采集、监测,建立起了覆盖全县的供水调度监测体系。将该体系与管网地理信息系统、供水调度管理系统等结合,能够实现调度运行的实时监控、供水变化趋势预测及应对、突发事件预警及应急处置等辅助决策功能,提升城乡供水安全保障的智能化管理水平,实现了"智慧水务"目标,有效为清丰城乡供水一体化工程运营和管理提供了服务。

(一)基于"城乡一体化"的工程设计

为了同时达到确保供水安全、节约工程投资和运行成本的目的,一体化项目在设计中采用以下特色创新模式:

(1)环状管网和树状管网相结合的特色管网布置方式。保证供水安全并降低建设成本。清丰县的总体布局为县城位于县域中心,各乡镇分布在其周围。根据这一特征,沿清丰县城环路周围布置供水可靠性和运维灵活性高的环状主管网,辐射至乡镇的管网则采用造价较低的树状管网。

(2)分段、分管径选取管材。结合工程总体布置、地质条件和现状管道的实际情况,新建管网分段、分管径选取管材,保证工程质量,降低建设成本。乡镇水厂至供水站之间 DN 小于 200mm 的供水管道采用 PE100 给水管,管道公称压力均取 1.0MPa;清丰中州固城水厂至各乡镇水厂之间 DN 不小于 200mm 的供水管道采用球墨铸铁管,管道壁厚等级均为 K9;穿越主要道路、河道、国防电缆、军事电缆、房屋等障碍物的管道采用涂塑复合钢管。

(3)新旧设施结合、直接和间接相结合的创新供水方式。建新用旧,降低一体化项目建设和运行成本,在项目实施前,供水区域内各乡镇建有集中供水厂(站)和管网系统,该项目将现有供水设施纳入到城乡供水一体化系统中,充分发挥其供水能力,如图4-1所示。在此基础上:①对于距离县城较近的乡镇,新建的输水管道直接接入现有乡镇配水主管道,充分利用中州水厂富余水头直接供水;②对于其中用水高峰时段水压不足的区域,利用新建智慧泵站加压后供水;③对于距离水厂较远的区域,为了降低建设和运营成本,新建输水管道接入现有乡镇水厂清水池,通过水厂送水泵房加压供水;④对于距离特别远的区域,水厂供水水头无法将水输送到现有乡镇水厂清水池,则通过新建中途泵站加压后按照上述方式供水。

(4)水厂出水消毒和加压泵站二次消毒相结合的安全保障方式。由于城乡供水一体化管网较长、管网末梢用水量小、水体流动性差及滞留时间长,可能导致管网末梢余氯或总氯不达标。针对此问题,除了水厂设置常规消毒系统外,在加压泵站设置二次消毒系统,同时在水厂、加压泵站和管网末梢设置在线监测装置。将余氯或总氯的实时监测数据上传到数据分析中心,经分析后确

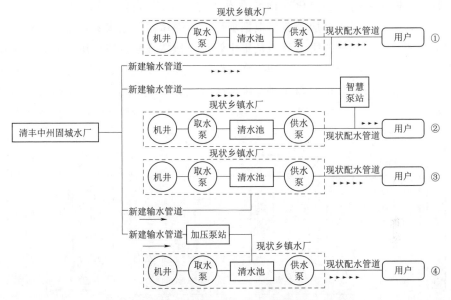

图4-1 清丰县城乡供水一体化供水方式示意图

定消毒剂的投加点位和投加量，确保管网末梢余氯或总氯达标。

（二）基于"智慧水务"的管理设计

科学统筹设计，结合管理需求，应用智能传感设备、物联网、移动互联、云计算等信息技术，实现从水厂的供水量、水质、管路流量、压力等实时数据监控，到乡镇加压泵站的实时数据，再到终端用户的用水量等相关数据的自动采集和监测，建立起了覆盖全县的供水调度监测体系。该体系与管网地理信息系统相结合，实现了调度运行的实时监控、供水变化趋势预测和应对、突发事件预警及应急处置等辅助决策功能。通过建设管控一体化平台，提升城乡供水安全保障的智能化管理水平，从而实现"智慧水务"目标。

该智慧水务平台建设基于计算机和互联网技术对工程运行关键节点进行动态监管，采用"集散型"控制方式进行集中监控管理、分散控制和数据共享，其总体结构主要包括感知层、通信层、数据层和应用层4个部分，如图4-2所示。感知层主要通过工程现场加装的传感器、水质检测仪、监控摄像头等信息化仪表，将各厂站的工程运行情况采集为具体数据，并能将这些数据通过通信层传输至数据层；通信层主要采用租用光纤、构建专网、无线传输等方式进行数据传输，同时也将感知层的各个监测站点联系起来；数据层主要收集由通信层传输来的感知层采集到的数据以形成各类数据库，例如供水管网数据库、水质在线监测数据库、营业抄收数据库等，为应用层进行数据分析提供基础参数；应用层作为智慧化运营的"大脑"，应用层提取并分析数据库中保存的海量数据，同时做出"最优化"判断，自动给出工程运行相关建议，如爆管预警、营收比分析、自动加药等。根据项目的管理体制，清丰县智慧水务建设采用分布式结构，共分两层，分别是集中管理中控室（第一级）和分控室（第二级）。由中控室建立起内部局域网，实现各自区域范围内相关设备和办公系统设备的互联，同时中控室与现地管理站建立起广域环网，实现各系统之间的互联。

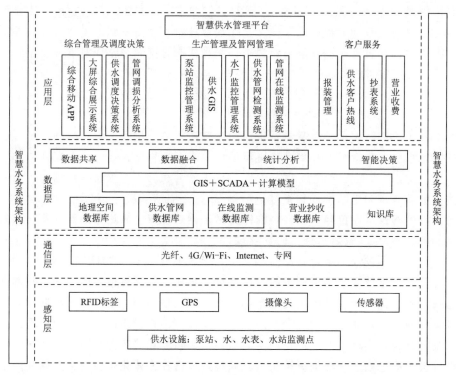

图 4-2 清丰县城乡供水一体化项目智慧水务系统的总体架构

二、主要成效

实施"丹江水润清丰"工程，推进城乡供水一体化，让农村群众从"有水喝"提升为"喝好水"，保证了农村居民的身体健康，提升了广大群众的获得感和幸福感，实现了城乡供水"同水源、同管网、同水质、同管理、同经营、同服务"[48]。同时，预计年均减少开采地下水 1300 万 m³，从而能有效地节约和保护地下水资源。"丹江水润清丰"城乡供水一体化项目在传统供水工程建设中加入了智慧水务建设内容，通过建设智慧供水管理平台、厂站自动控制系统、管网信息化管理系统等，将工程的各类管理、运行数据整合在智慧水务系统中，消除了信息孤岛，实现了远程启停阀门和水泵、智能化药剂投加、远程监控各类设备生产运行情况；实现了对管网水质、水压数据的实时监控，及时对监控数据做出分析并采取处理措施，保证用户尤其是管网末端用户的用水安全和需求；实现了对供水管网巡检的智能化调度管理，确保小修不过晌、大修不过夜，有效控制了产销差率；实现了用户网上缴费，提高了缴费效率。智慧水务的建设在保证清丰县城乡一体化供水工程的安全、高效、便捷运行和管理的同时，减少了厂站值守人员、管网巡检人员和抄表人员的数量，降低了工作强度，从而极大地削减了人工成本，形成了城乡一体化供水的"清丰模式"。该模式已相继在河南省内南水北调沿线城乡供水一体化项目进行了推广，为解决河南省的农村供水问题和省政府提出的饮用水地表化提供了有益参考。

第三节　其他的经验做法及措施

清丰县智慧水务建设可分为厂站自动控制系统、管网信息化管理系统、安防监控系统和智慧供水管理平台[49]。

一、厂站自动控制系统

对工程中的 3 个新建水厂、1 个新建泵站以及 17 个现有水厂设置厂站自动控制系统，其总体架构如图 4-3 所示。

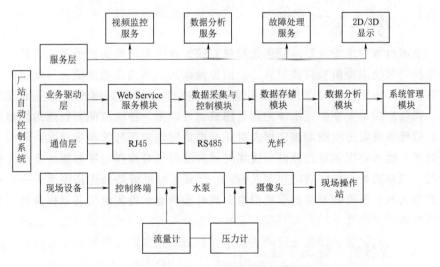

图 4-3　厂站自动控制系统总体架构

该自动控制系统主要由厂站监控管理系统软件、厂站分控室、PLC 控制柜、现地控制柜、传感器等组成。厂站监控管理系统软件可实现数据采集与处理、统计与计算、控制与调节、设备运行统计记录与生产管理、画面显示、语音报警、人机联系、系统自检与诊断、自动重启等功能；厂站分控室可实现工作人员对水厂和泵站的集中监管；PLC 控制柜是现场层与泵站管理层沟通的重要媒介；现地控制柜可在现场直接控制设备；传感器可采集水泵运行压力、厂站进出厂流量、出厂水水质等重要运行参数。该系统构建了基于符合工业 4.0 标准的现代化厂站，利用现代计算机软件技术将厂站生产数据与安防及巡检系统有效整合，对生产运行数据进行深入分析与挖掘，实现事件报警与视频信息的实时联动；同时引入了事件预警与预案提醒机制，将厂站的业务流程监控、安防监控、人员管理三者有效整合，为生产调度人员和更高管理层提供智能化监管平台，在实现节省人力成本的同时提高了生产效率。

二、管网信息化管理系统

管网信息化管理系统主要包括对该项目新建管网和清丰县乡镇现有管网末端压力、流量、水质参数的在线监测。供水管网信息化管理离不开基础地形图的支持，因此在建立管网信息化管理系统的同时建立基础地形数据库，将管网压力、流量、水质等重要信息基于"一张图"集中显示。该系统还可对管网巡检进行信息化管理，后台管理人员可以通过系统实时查看现场人员的轨迹、工作、工单流转等情况，结合 GIS 图形和报表分析功能，进行快速、直观的监管。

三、安防监控系统

该项目智慧水务安防系统包括视频监控子系统和周界防护子系统，其中视频监控子系统主要由视频监控软件、监控摄像头、视频硬盘录像机等组成；周界防护子系统主要由电子围栏报警应用软件、电子围栏、周界报警主机等组成。视频监控是安全防范系统的重要组成部分，是一种防范能力较强的综合系统。值班人员通过视频监控能够及时、准确地发现生产区的异常情况，从而及时处理。此外，视频监控能够实现实时录入及调出等操作，还原事故发生真实情况。周界防护子系统能防止蓄意侵入，保证厂站的设备及生产安全。一旦有蓄意侵入者，系统能及时、准确报警，同时准确显示侵入点位置，提高处理事故的效率。

四、智慧供水管理平台

该工程智慧供水管理平台是一套由多个部分组成的完整的信息化系统，其总体框架如图 4-4 所示。智慧供水管理平台主要信息来源为泵站、水厂、管网计算机监控系统的动态数据与历史数据。该平台能生成关键绩效指标（KPI）的曲线图，实现对供水设施维修、养护、巡检、调度指令、生产运营工单的流程化派发与管理，对数据采集与监视控制（SCADA）等系统运行曲线和工程运营数据的查看与展示，平台还具备内部信息传递功能并预留业务扩展接口。该平台的使用实现了清丰县供水资源的有效整合，为企业的生产、营销、服务、调度等应用系统提供了集中服务环境。

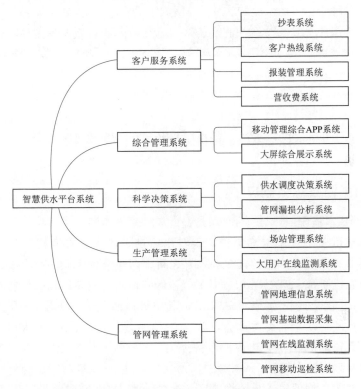

图4-4 智慧供水管理平台系统的总体框架

第四节 建 议 及 展 望

要坚持政府主导，发挥规划引领作用，优化农村供水布局。要发挥财政资金引导作用，鼓励和引导社会资本投向城乡供水设施，提升城乡供水工程建设和管护市场化、专业化程度；要推广"建管一体化"模式，引入专业企业，社会资本建设和管护供水设施；要结合水源地表化试点工作，创新城乡供水投资方式与运营管理模式；要发挥好示范效应，加强动态跟踪、督导检查、全面推进农村供水"规模化、市场化、水源地表化、城乡一体化"[50]。

第五章

宁夏回族自治区彭阳县"互联网＋人饮"模式

第一节 彭阳县供水工程现状

一、彭阳县总体概况

（一）基本概况

彭阳县位于宁夏东南部边缘，六盘山东麓，西连宁夏原州区，介于东经106°32′～106°58′、北纬35°41′～36°17′之间。西连宁夏固原，东、南、北环临甘肃的镇原、平凉、环县等市（县）。南北最长距离达61.5km，东西最长距离50.3km。国土面积为2528.65km^2，其中耕地面积100.3万亩。现辖4镇8乡156个行政村6个居民委员会，总人口25.03万人，其中农业人口23.49万人，占总人口的88.1％，以农业经济为主。

（二）自然地理情况

彭阳县是典型的黄土丘陵沟壑区，域内山峦重叠，沟壑纵横。彭阳县境内分为北部黄土丘陵区、中部河谷残塬区和西南部土石质山区三个自然类型区，海拔为1248～2418m。彭阳县境内地形复杂、地貌破碎，主要包括：①侵蚀构造地貌。分布于黄峁山脉，该山脉径向东南方向延伸、分支，形成一条长达10多km的山峡。②构造剥蚀丘陵。广泛分布于彭阳县东部地区，始成于喜马拉雅运动，隆起高度比山区低。③侵蚀堆积平原。分布于丘陵间的沟谷中，由造山运动后的堆积作用和侵蚀作用共同作用形成，包括洪积作用的丘间台地和洪积冲积平原。

（三）水文水资源情况

彭阳县水资源条件极其复杂。同时，它也是宁夏地表水资源最贫乏的县之一，可用水资源主要来源于年均降雨量仅为全国平均值69.2％的雨水。水资源总量8920万m^3，人均水资源量335m^3，仅为全国人均水平的1/6，水质矿化度均大于0.6g/L，资源性和工程性缺水是制约当地经济社会发展的主要瓶颈。彭阳县年均降水量为 350～550mm，主要集中在夏季，其他三季降水较少，旱季、雨季区分明显，且降水多出现在作物生长的后期，不能与当地较好的热量条件相协调，对农业生产和退耕还林还草不利；此外，由于在雨季频发局地强对流天气，使得多为阵雨，变率大、分布不均匀，从而大大限制了降水的有效性，农作物和林草对降水的利用率较低。

二、供水工程总体情况

为解决广大农村群众的生活用水困难及安全问题，在各方的大力支持下，彭阳县先后建设实施了一批农村饮水工程，有效促进了当地的社会稳定和农村经济的繁荣发展。全县已建成 46 处农村集中供水工程，总体分为红河、茹河片区和北部安家川河流域片区两大部分，基本解决 16.3 万人的饮水问题。

彭阳县委托专业规划设计团队编制"互联网＋农村供水"实施方案，采取"工程提升＋管理改革＋数字赋能"模式，将分散建设的 42 处农村饮水安全工程水源整合为"1 水源、2 水厂、3 片区"，以整体升级打包解决农村饮水难题，建设城乡一体化的供水网络体系，工程覆盖率由 80%提高到 100%。

2016 年，彭阳实施了从宁夏中南部引水跨流域调水的连通配套工程，为了把这来之不易的水和当地现有水源管好、用好，实施了"互联网＋农村供水"智能化、精细化的管理模式。

2017 年，彭阳县启动了农村饮水巩固提升工程。工程建设内容分为土建基础设施建设工程、自动化控制工程和信息化建设工程三个部分。工程以农村供水土建工程为基础，利用互联网、物联网技术，通过在泵站、蓄水池、管网等工程处安装各类物联网监测、控制设备，配合工程搭建的智慧人饮系统，实现了从水源、泵站、蓄水池、管网到用水户的全链条自动运行和智能化管理。

三、供水工程运营管理情况

（一）组织机构

县人民政府是城乡供水管理的责任主体，负责全县范围内城乡供水安全的组织领导、制度保障、管理机构、人员和工程建设及运行管理经费落实工作，推动实施区域供水，加强水源保护和城乡供水设施新建、改建。明确城乡供水管理职责分工，督导相关部门（单位）共同做好城乡供水工程的管理工作。各乡（镇）人民政府配合县水务局和城乡供水单位做好城乡供水安全的相关工作。

彭阳县组建农村饮水安全巩固提升工程建设与运行管理领导小组，由政府常务副县长任组长，办公室设在县水务局，负责工程建设中的协调及日常事务管理工作。县水务局是全县城乡供水工程的行业管理部门，负责研究、制定城乡供水工程管理制度，对工程规划、建设、运行管理和水质检测工作进行指导和监督。彭阳县农村供水管理组织机构情况如图5-1所示。

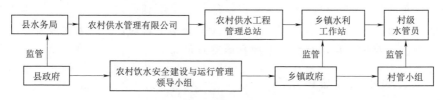

图5-1　彭阳县农村供水管理组织机构图

（二）管理模式

农村供水工程的具体运行管理采取政府购买服务的方式。2017年11月，由政企双方出资组建城乡供水管理公司，即彭阳县盛泽水务投资有限公司、宁夏西部绿谷节水技术有限公司两方共同出资成立了彭阳县农村供水管理有限公司。由该公司主要负责全县农村人饮供水工程运行管理，承接全县供水工程的日常运行、水质监测和维修养护，实现了专业管理和节本增效；建立水质监测中心，严格落实从水源到水龙头的常规36项、日检9项检测制度，使群众吃上了放心水，做到了政府、企业、群众三方满意。在乡镇地区运行管理中多采用设立工程管理总站＋乡镇水利工作站（水管所）＋村级管水员的农村供水管理机构设置。

（三）产权责任及划分

彭阳县农村人饮工程由政府投资建设的，归国家所有；由集体经济组织筹资，政府给予补助的，归集体经济组织所有；由政府、集体经济组织、单位（个人）共同投资的，按照出资比例由投资者共同所有。

（四）水价核定及水费收缴

通过分析彭阳人饮水工程实施前水价制定流程及水价测算方式，开展水价形成建设成本、运维成本、用户承受能力等影响因素综合分析，明确运营管理单位参与到水价制定环节的重要性，确保全县水价统一。通过水价听证、政府常务会议研究，决定采用区、县财政补贴的方式，统一调整全县的城乡终端水价格。中南部饮水工程水源成本价格为2.45元/m³，彭阳水源价格执行0.70元/m³，工程水源价格与成本的差额为1.75元/m³，由区、县按照5∶5比例分摊，补贴期限暂定为3年，将城乡（原县城2.3元/m³、农村4.0元/m³）水价统一调整为2.6元/m³，为今后调价留足空间。

彭阳县农村联户智能井水表已经全部改造完成，改变传统下井抄表、上门收费的水费收缴方式，开通微信公众号，群众通过手机缴费购水、查看用水信息、申请停用水，让群众吃上了"明白水、安全水、放心水"，水费收缴率由

60％提高到99％，解决了"收缴难"的问题。

（五）用户服务

针对用户咨询与投诉及时受理，认真办理，并对用户来信、来电、来访办理结果及时通过电话或网络形式回复用户。每月水费收缴记录做到及时、准确、到位，并耐心解答用户在用水方面存在的疑问。水费收缴办事流程及收费标准对外公开，用户缴纳水费和施工费用时，出具统一的收费票据，钱票当面点清，不错收、不乱收。为方便用户缴费，公司推出了微信缴费功能，足不出户即可缴纳水费，同时公司收费系统也可办理提前预缴水费。针对大面积停水检修，农村供水公司都提前一天在政府网站、彭阳各大信息平台和彭阳县自来水公司微信公众号等发布停水信息，突发爆管抢修停水将在各小区张贴停水抢修通知。面对突发村镇供水应急事件，实行村镇供水抢修24小时值班，设置抢修电话。凡接到公共供水管网漏水报告，抢修人员在接到电话后30分钟内赶到现场进行抢修，保障供水管网漏损及时高效处理。

第二节 "互联网＋人饮"模式特色及成效

一、"互联网＋人饮"特色模式

彭阳县把农村饮水安全工程管理当作水利可持续发展的助推器，狠抓工程运行管理，针对点多面广、跑冒滴漏严重、管理成本高、供水保障率差、群众意见大、水费收缴难等问题。从2012年开始，大胆采用云计算、物联网技术，借助"智慧宁夏"水利云、"宽带宁夏"等公共资源，运用互联网思维、信息化手段、社会化服务推动人饮工程管理服务转型，积极探索"移动互联网＋人饮"管理新模式，取得了节水、减员、降本、增效的突出效果，形成了自来水"从源头到龙头"的自动化信息运行管护体系。

（一）建管同步

彭阳县智慧人饮工程将供水工程信息化设施运行、维护管理引入专业化服务，解决了农村人饮管理和服务短板问题。设计与施工单位的紧密结合，充分挖掘出设计、施工协作潜力，有效解决了设计与施工脱节的问题。彭阳县先后实施的农村饮水工程建设采用传统DBB（设计—招标—建造）模式，除此之外，彭阳县饮水工程大胆采用EPC＋O（总承包＋运营）模式[51]，即设计、采购、施工、运维总承包模式，依靠总承包方项目管理，实现设计施工紧密结合，优化建设管理资源配置，缩短建设周期，保证了工程的顺利实施。

（二）多元化筹集资金

从2000—2015年，彭阳县陆续实施了46个农村饮水工程，累计投资达

51

3.4 亿元，其中国家投资约占 80％，自治区及县政府配套约占 18％，用户自筹资金占比仅 2％[52]。根据现行的国家政策依据，结合彭阳县情，彭阳县积极拓宽融资渠道，变革工程建设投融资体制，保障"互联网＋农村供水"工程建设资金。

经过地区调查研究与对比分析，彭阳县以互联网技术为创新驱动力，吸引社会资本投入，创新投融资体制，打造出具有彭阳县特色的 B＋ABO［建设投融资公司＋授权（Authorize）、建设（Build）、运营（Operate）］投融资模式，为工程建设提供资金保障。创建融资平台，成立了彭阳县盛泽水务投资有限公司，利用政策性贷款，融资 3.6 亿元对全县农村饮水工程进行全面巩固提升。由彭阳县盛泽水利投资有限公司、宁夏西部绿谷节水技术有限公司两方共同出资成立了彭阳县农村供水管理有限公司，负责全县农村人饮供水工程运行管理组建市场化的管理公司，实现全县农村饮水全生命周期的建设、运行、维护保障。

（三）供水智能化运行

依托宁夏水利云，基于全区"水慧通"，建设智能门户、"人饮一张图"（即利用一张 GIS 地图实现对全县农村饮水的可视化管理）、移动 APP 三大信息化管理系统，研发供水自动化监控、数字工程管理、人饮水资源管理、物资管理、安全生产管理、水费计收管理六大应用系统，构建数据资源与业务平台两大支撑，为智能化管理奠定了基础，在宁夏水利数据中心基础上增设了人饮专题数据库，与自治区水利厅水慧通平台集成，实现了彭阳人饮安全运行管理信息化、一体化和现代化架构[53]，如图 5-2 所示。其中包含供水工程自动化监控子系统，该系统具有自动化监控设备接入、自动化监控数据整编、报警预警、远程控制、监测数据管理、已建水厂自动化集成、视频监控、新增设备信息及参数初始化 8 个一级功能，日志管理、报警管理、联动控制等 29 个二级功能。同时也包含水费计收管理系统。通过远程抄表，代替 8 个抄表组员工的人工工作量，可大量节省管理成本。系统支持 IC 卡水费预缴，支付宝、微信和移动服务商代缴等多种缴费方式，极大方便用水户完成水费缴费。系统主要功能包括用户管理、水价管理、水费管理、收费管理和统计分析 5 个一级功能，用户基本信息管理、用户用水信息管理、用水计量、水费计算等 11 个二级功能。工程管理子系统负责彭阳人饮工程各类建筑物、管网、自动化设备的基础信息管理、工程建设信息管理，基于信化应用平台的"一工程一平台"，提供各类建筑物、管网、自动化设备的全生命周期的管理。工程管理子系统主要由工程规划管理、工程建设管理、工程运行管理和工程维护管理 4 个一级功能和项目立项、设计管理、日常巡查等 18 个二级功能组成。彭阳农村饮水指挥中心建设分为监控中心装饰工程、指挥中心信息化建设，包括大屏显示系

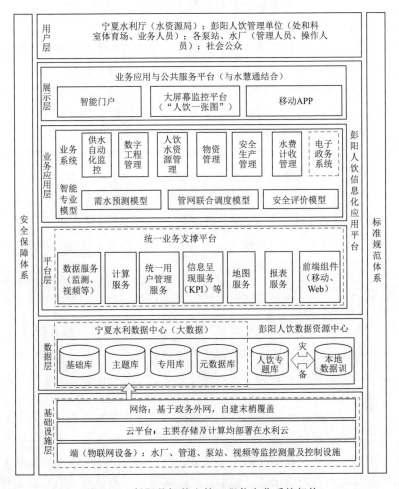

图 5-2 彭阳县智慧人饮工程信息化系统架构

统、视频配套系统、高保真扩声系统、中央控制系统、配套弱电系统建设。建设彭阳人饮移动 APP 可以集成各个业务科室的工作，简化操作步骤，提高工作效率，优化工作内容，节约劳动力，实时掌握整个供水工程情况，实现彭阳人饮业务信息化管理系统全覆盖，包括移动门户、移动一张图、用水节水移动管理、工程移动管理、水费移动管理。彭阳"人饮一张图"具有数据生产、地理信息服务、一张图交互、工程供水形势解析、工程运行形势解析、工程建设形势解析、水费收缴形势解析和公众用水反馈解析 8 个二级功能。

通过运用互联网、物联网等新技术，对流量、水位、压力、水质等运行信息实时采集、传递、分析、处理并汇集到智能管理平台，工作人员通过电脑、手机即可远程监测调度，达到智能联调、水质监测等精准判断和及时处置，实现了从水源到水龙头全链条自动运行、精准管理。

（四）完善用户服务系统

开通"彭阳智慧人饮"公众号，让群众足不出户即可通过微信缴费、查看用水信息、申请停用水，实现了群众满意度和管理效率的双提升。深入推进城乡供水一体化改革，利用中南部饮水工程水源对当地水源全部替换，实现了城乡供水同源、同质、同网、同价。

（五）建设良性水价机制

首次将运行管理单位纳入水价定价程序中，建立了城乡一体化水价机制，通过水价听证、政府常务会议研究，决定采用区、县财政补贴的方式，统一调整全县的城乡终端水价格。中南部饮水工程水源成本价格为 2.45 元/ m^3，彭阳水源价格执行 0.70 元/ m^3，工程水源价格与成本的差额为 1.75 元/ m^3，由区、县按照 $5:5$ 比例分摊，补贴期限暂定为 3 年，水价统一调整为 2.60 元/ m^3，为今后调价留足空间，实现了城乡供水"同源、同质、同网、同价"，农民享受到了城乡均等化供水服务。

（六）保障供水运行维护

秉持"业务靠自身，技术靠市场"的理念，探索"政府购买服务"模式，将专业化服务引入供水工程信息化设施的运行、维护、管理，以解决农村人饮工程的管理服务短板问题。明确各方职责，以委托方作为运行管理过程中的"大脑"，起指挥监督作用；以服务方作为运行管理过程中的"身体"，起实施保障作用，把政府管理与市场化服务有机结合，不断创新和完善公共服务供给模式。利用自治区水利厅支持的 20 万元购买服务试点资金，通过"政府购买服务"的形式，委托宁夏西部绿谷节水技术有限公司，引进具备信息系统研发、维护能力的新兴市场主体，辅助农村饮水安全工程管理。对全县农村饮水工程的调度、监测、预警、排查、通知进行第三方托管服务，全县所有人饮工程点位流量、水位、水压、电力、开关等参数实现在线监管，大大节省了人力、物力和财力。通过试点，探索出了委托信息自动化专业服务公司，辅助管理农村饮水工程的模式和经验。为降低运维成本，彭阳县引进自动监控设施，在农村人饮工程的 40 个泵站安装自动启停控制设备，在 215 个蓄水池安装液位传感器、无线采集、电动阀门等自动化设备，在 28 处管网安装压力传感器和超声波流量计，在连户表井、用水户安装射频卡水表和光电直读远程水表，实现远程供水监控、报警控制和手机、计算机智能化管理等功能。约 $2500km$ 的管网和 45 座泵站、92 座蓄水池、7466 座联户表井、4.3 万块智能水表实现了 24 小时自动运行、精准管控，运营管理人员减少了一半，供水保证率提高到 96%，每年节约运维成本 150 万元，有效解决了"缺人管"的难点。

二、取得的主要成效

(一) 城乡"人饮一张网"

该管理模式以需求为导向,基于"互联网＋"的城乡供水一体化建管服模式改革,在降低管理成本、提高管理绩效、提升服务质量等方面提供信息化支持和约束手段,促使水利管理更加智能、效能、便捷[54]。基于"互联网＋农村人饮"思维,依托宁夏"水慧通"一网、一库、一平台,融合新技术、新理念,设计了包括智能门户、"人饮一张图"大屏幕监控平台和移动终端的农村饮水信息化新模式[55],有效满足了彭阳县"人饮工程"的实际需求。彭阳县智慧人饮工程将供水工程信息化设施运行、维护管理引入专业化服务,解决了农村人饮管理和服务短板问题。在实现城乡供水一体化过程中,通过引入"互联网＋"新思维,能够整合共享各类资源,全面、有效地支撑各级水利系统的网格化、精细化、智能化管理和协同、便捷、高效的社会公众服务。

(二) "三个平台"提升农村饮水质量

(1) 自动化监控平台。依托宁夏水利云和"水慧通"公共平台,运用清华大学水联网技术,新建流量、水位、压力、水质等数据采集点 4 万处,实现了7109 余 km 管网、46 座泵站、95 座蓄水池 24 小时自动运行、精准管控,管理人员由 90 人减少到 40 人,每年节约运维费 150 万元,解决了"缺人管"的难点。

(2) 数字化监管平台。建成集调度、运行、监控、维养、缴费、应急于一体的供水管理服务数字化平台,对供用水和生产数据实时自动采集、传递、分析和处理,实现了多级泵站和水池智能联调、水质在线监测、事故精准判断和及时响应,工程事故率大幅下降,供水保证率提高到 96%,管网漏失率由35%降为 12%,年节约水量 30 万 m^3,解决了"跑冒漏"的问题[56]。

(3) 智慧化服务平台。按照"让数据多跑路,让群众少跑腿"的便民服务理念,改变传统下井抄表、上门收费的水费收缴方式,开通微信公众号,群众通过手机缴费购水、查看用水信息、申请停用水,让群众吃上了"明白水、安全水、放心水",水费收缴率由 60%提高到 99%,解决了"收缴难"的问题[57]。

(三) 激发群众意识

激发群众节水、缴费的意识。公开透明的水价、预缴预付的收缴机制使农村居民能够明明白白地缴费用水,形成了"用水花钱"的共识,有效激发了农村居民的节水意识。通过宣传群众管理,提高群众对于供水工程的管护意识,建立用水户协会来鼓励农户参与农村供水管理当中,提高基层管护水平,实现全民共同管护,共同保障用水安全。

（四）助力乡村振兴，实现经济、社会效益双增长

通过创建"互联网＋农村人饮"的信息化新模式，提前高标准地完成"十三五"农村人饮"四率、一水平"（即集中供水率、自来水普及率、水质达标率、供水保证率、提高管理水平）目标，实现了节水、减员、降本、增效，推动了城乡供水的均等化服务，有效助力当地的乡村振兴工作，经济效益和社会效益十分显著。

（五）打造农村供水典型示范

通过实施"互联网＋城乡供水"项目，达到了节水、降本、增效的目标，为城乡居民安全饮水管理提供了可复制、可借鉴的经验和模式，树立行业标准。"互联网＋人饮"模式被推荐为全国第二批农村公共服务典型案例并在全国推广，水利部部长也曾提出"彭阳就是我们工作的方向"[58]。2019年9月，全国农村饮水安全工作现场会在彭阳召开，"互联网＋人饮"建管模式在全国推广；2020年9月11日《人民日报》头版头条刊载报道；2021年2月被国务院评为全国脱贫攻坚先进集体。通过创新举措，彭阳县农村饮水安全覆盖率、水质达标率两项均达100％，自来水入户率达99.8％，供水保证率达96％[52]。该模式促进了彭阳县经济社会发展，成为了城乡"互联网＋农村饮水"典型示范模式，为偏远山区农村供水运营管理提供参考。

第三节　建 议 及 展 望

农村供水事关农村居民的生存和健康、农村经济社会的稳定和发展。建立适合当地经济发展要求的管理体制和运行机制，尤其管理好饮水困难和饮水不安全的地方的供水工程，确保农村供水工程可持续运行，责任重大而意义深远。

宁夏回族自治区彭阳县将互联网技术应用到供水的实践中，借助"智慧宁夏"水利云、"宽带宁夏"等公共资源，探索"互联网＋农村供水"新模式，实现了"互联网＋人饮"供水管理服务模式从水源到用户全覆盖，达到城乡饮水"同源、同质、同网"，实现了城乡基础设施一体化和公共服务均等化。解决农村饮水工程系列难题，并达到了"有效通水、合理配水、安全供水、方便用水"的突出效果。通过建成集调度、运行、监控、维养、缴费、应急于一体的供水管理数字化平台，实时自动采集、传递、分析和处理各类运行数据，实现了多级泵站—蓄水池智能联调、水质在线监测、事故精准判断和及时处置，工作人员使用移动APP等智能门户即可进行远程监控、运行调度和事故控制，工程事故率下降30％，管网漏失率由35％降到12％，年节水30万 m^3，相当全县农村生活用水总量的13％。

"互联网＋农村供水"管理系统在彭阳近四年的应用中取得极大成效的同时，发现管理系统也存在一定的缺陷，表现为对个别用户水表及其他智能设备破损毁坏后，后台不能识别，无响应、无提示。尽管智能水表及硬件设备破损毁坏的概率虽然是非常低的，但实际是存在的，针对这种情况，运维人员必须定期或不定期去实地巡查，发现破损器械设备，应及时更换，确保正常运行[59]。

彭阳县针对农村供水管理方面有三大优势：①找准具体问题，精准施策，围绕入户率不高、管理水平不够、跑冒滴漏等问题，建设一体化大水源，解决"最后 100 米"的到户问题；②借力创新管理技术，借助互联网技术，解决入户难、管护难、缴费难等问题，实现精准供水，节本增效；③供水运行模式稳定，在提高了农民群众节水意识的同时，又带动产业发展。彭阳县农村供水管理模式具有较强的可持续性和可推广性，对于农村供水管理问题具有借鉴意义。

第六章

陕西省安康市"量化赋权"模式

第一节 安康市供水工程现状

一、安康市总体概况

(一) 基本概况

安康市地处祖国内陆腹地，陕西省东南部，居川、陕、鄂、渝交接部，位于东经 $108°00'58''\sim110°12'$，北纬 $31°42'24''\sim33°50'34''$ 之间，南依巴山北坡，北靠秦岭主脊，东与湖北省的郧县、郧西县接壤，东南与湖北省的竹溪县、竹山县毗邻，南接重庆市的巫溪县，西南与重庆市的城口县、四川省的万源市相接，西与汉中市的镇巴县、西乡县、洋县相连，西北与汉中市的佛坪县、西安市的周至县为邻，北与西安市的鄠邑区、长安区接壤，东北与商洛市的柞水县、镇安县毗连。

安康市总面积 $23529km^2$，辖区东西最大距离 250.1km，南北最大距离 236.2km。全市下辖汉滨区、汉阴县、石泉县、宁陕县、紫阳县、岚皋县、平利县、镇坪县、旬阳县、白河县 1 区 9 县。

(二) 自然地理情况

安康在大地构造位置上属于秦岭地槽褶皱系南部和扬子准地台北部汉南古陆的东北缘，分别由东西走向的秦岭地槽褶皱带和北西走向的大巴山弧形褶皱带复合交接组成，具有南北衔接，东西过渡的特点。安康以汉江为界，分为两大地域，北为秦岭地区，南为大巴山地区，以汉水—池河—月河—汉水为秦岭和大巴山的分界，其地貌呈现南北高山夹峙，河谷盆地居中的特点。全市地貌可分为亚高山、中山、低山、宽谷盆地、岩溶地貌、山地古冰川地貌 6 种类型。在本市总面积中，大巴山约占 60%，秦岭约占 40%；山地约占 92.5%，丘陵约占 5.7%，川道平坝占 1.8%。海拔高程以白河县与湖北省交界的汉江右岸为最低（海拔 170m），秦岭东梁为最高（海拔 2964.6m）。秦岭主脊横亘于北,一般海拔 2500m 左右;大巴山主梁蜿蜒于南,一般海拔 2400m 左右;凤凰山自西向东延伸于汉江谷地和月河川道之间,形成"三山夹两川"地势轮廓,汉江谷地平均海拔 370m 左右。秦岭、大巴山主脊与汉江河谷的高差都在 2000m 以上。境内的主要山脉有秦岭的东梁、平梁河、南羊山和大巴山的化龙山、凤凰山、笔架山。

安康属亚热带大陆性季风气候,气候湿润温和,四季分明,雨量充沛,无霜期长。其特点是冬季寒冷少雨,夏季多雨多有伏旱,春暖干燥,秋凉湿润并多连阴雨。多年平均气温 15~17℃,1 月平均气温 3~4℃,极端最低气温 −16.4℃;7 月平均气温 22~26℃,极端最高气温 42.6℃。最低月均气温 3.5℃,最高月均气温 26.9℃。全市平均气温年较差 22~24.8℃,最大日较差 36.8℃。垂直地域性气候明显,气温的地理分布差异大。川道丘陵区一般为 15~16℃,秦巴中高山区为 12~13℃。生长期年平均 290d,无霜期年平均 253d,最长达 280d,最短为 210d。年平均日照时数为 1610h,年总辐射 106kCal/cm^2。0℃以上持续期 320d。

(三)水文水资源情况

安康市年平均降水量 1050mm,年平均降雨日数为 94d,最多达 145d,最少为 68d。极端年最大降雨量 1240mm,极端年最小降雨量 450mm。降雨集中在每年 6—9 月,7 月最多。

全市水资源总量占全省的 61%,人均水资源量居全省首位,是全国的 1.6 倍。境内河流属长江流域汉江水系。长江流域二级河流汉江,也是长江的第一大支流,由西向东横贯安康全境,由石泉左溪河口 3km 处入境,经石泉、汉阴、紫阳、岚皋、汉滨、旬阳、白河,于白河县白石河口以下 10km 出境,常年流量 257 亿 m^3,占丹江口水库"南水北调"入库水量的 66%,汉江出境断面水质稳定保持国家Ⅱ类标准。境内汉江的一级支流有子午河、池河、月河、任河、旬河、岚河、吉河、南江河、黄洋河、坝河、白石河、堵河等 23 条,总长 1902.6km;二级支流有汶水河、长安河、东沙河、权河、渚河、正阳河、滔河、洞河、傅家河、县河、吕河、冷水河等 31 条,总长 1465.5km;三级支流有东峪河、蒲河、沈坝河、紫荆河、小河、竹溪河、浪河、红水河等 18 条,总长 649.4km。河网密度为 1.43km/km^2,年平均径流量 106.55 亿 m^3。汉江因其水量大、水质好而成为国家南水北调中线工程水源涵养地。

二、供水工程总体情况

安康市地处自然条件恶劣、自然灾害频发的秦巴山区,生产生活用水一直是制约农村经济发展和群众健康生活的突出问题。"九五""十五"期间,国家实施"甘露"工程、人饮解困项目,有效地解决了部分农村群众"有水吃"的问题，但是建设标准和水质标准普遍偏低，覆盖范围和受益人口十分有限。"十一五"以来，安康市按照国家安排部署，强力推进农村安全饮水项目建设，有效解决了大部分农村群众的吃水问题，农村自来水普及率、水质达标率得到了大幅度提升。截至 2015 年年底统计，全市共建设水厂（水站）等供水工程 15301 处，设计供水规模为 18.95 万 m^3/d，受益人口 251.92 万人。2016 年至今累计完成投资 18.3 亿元，建成饮水工程 2168 处，受益人口 168.83 万人，其中贫困人口 65.96 万人，2019 年度 717 处项目全部完工。

三、供水工程运营管理情况

安康市总体推行三级管理：重点集镇及供水人口在 3000 人以上的村镇供水工程原则要求由县级农村供水专管机构直接管理；一般集镇、联村供水、单村供水等供水人口在 500～3000 人的供水工程，产权移交镇政府（办事处）或村集体的由镇政府（办事处）、村集体负责管理，产权未移交的由县级农村供水专管机构聘用管理人员进行管理；供水人口在 500 人以下的供水工程由受益对象组建用水协会进行管理。安康市农村供水管理组织机构设置如图 6-1 所示。

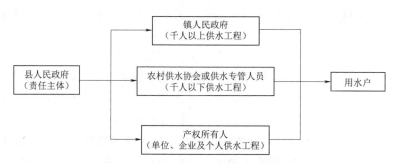

图 6-1 安康市农村供水管理组织机构设置

（一）总体分工

市水利局负责农村供水工程运行管理的行业指导和监管工作，督促指导开展管水员业务培训；督促供水单位开展水质自检工作；负责农村供水工程运行管护和维修改造项目实施的监督、指导、管理工作。市发展改革委负责农村供水工程管护、饮用水水源保护等项目的批复立项；负责指导县（市、区）按照价格管理权限开展农村供水价格管理工作。市财政局负责农村供水工程维护、水质检测、日常运行补助资金的筹集。市卫健委负责农村供水水质的监督检测工作；负责对集中式供水水源卫生防护的指导和供水工程卫生安全的巡查监督；负责制定饮用水卫生管理的规范标准和政策措施；组织开展饮用水卫生知识宣传及供水单位负责人卫生法律法规培训。市生态环境局负责饮用水水源保护的监督管理，组织集中式饮用水水源保护区划定以及防护隔离措施的落实；督促指导县（市、区）开展饮用水水源保护巡查工作。市人社局负责安排调剂各类公益性岗位用于农村供水管护工作。公安、民政、住建、自然资源、农业农村、市场监管、应急、消防等部门按照各自职责做好涉及农村供水工程运行管理的相关服务保障及行政管理工作。

县级人民政府是本辖区农村供水安全的责任主体，对农村供水安全保障工作负总责，统筹做好农村供水管护的组织领导、制度建设、机构保障、经费落实等工作。

（二）机构及职责

1. 县级人民政府

本辖区农村供水安全的责任主体，对农村供水安全保障工作负总责，统筹做好农村供水管护的组织领导、制度建设、机构保障、经费落实等工作。

2. 乡镇人民政府

农村饮水安全保障的责任主体和管护主体。职责为：定期组织开展农村供水工程运行管护情况排查，对排查发现的问题限期整改。按需落实专职管水员并明确职责，定期组织培训并严格考核。督促指导各供水单位建立健全水源巡查保护、设施巡查养护、水厂运行管理、水质净化消毒、设备操作规范、药剂存储投加、水费收缴公示、水厂值守交接、事故应急处置以及管水员管理等规章制度。

3. 供水协会

作为工程管护主体和责任主体，负责保护水源、维护工程、应急抢修和议定水价等，并对每处工程落实一名管理人员。管理人员负责工程巡查检修及水费收缴。除管理人员外，其他任何人员不得以履行相关义务为由获取减免水费等任何形式的物质利益。

（三）产权及责任划分

农村供水工程应按照"谁投资、谁所有"的原则明确工程所有权。由政府投资建设的供水工程，其所有权归地方人民政府或其授权部门所有；由政府投资和其他形式投资共建的，其所有权按出资比例由投资者共有；由单位（个人）投资兴建的，其所有权归投资者所有。户表和户表后的入户供水设施归用水户所有。农村供水工程产权所有人作为管理主体，负责管理方式的选择和管护责任的落实。

镇政府所在地集镇供水及供水人口 1000 人以上的农村供水工程，原则上由县级农村供水管理机构或镇政府直接管理；供水人口 1000 人以下的集中式供水工程由村委会聘请人员管理或组建供水协会自主管理；分散式供水工程及单位、企业、个人投资兴建的供水工程由产权所有人自行管理。

户表前的取水枢纽、输水管道、净化水厂、配水管网等供水设施由供水单位负责管理维护，户表后的入户设施由用水户负责管理维护。

（四）水价核定及水费收缴

农村供水应有偿使用、计量收费。县级价格主管部门负责制定和发布本辖区农村供水指导价，并根据物价指数、供水成本变化情况建立调价机制。

供水人口 1000 人以下的集中式农村供水工程的水价由村委会、管水组织和用水户协商确定，水费收缴可推行"基本水价＋计量水价"的两部制水价计收方式。对水量充沛的小规模供水工程可实行按户或按人定额计收水费的方式。

水费由供水工程管理单位或其委托、聘用的管水员收取。收取水费后应向缴纳人出具相应的凭证。水费收入及开支应建立专账管理，并向用水户公示。水费收入主要用于电费和消毒药剂、一般维修费用及管水员薪酬等开支。

（五）规章制度

安康市根据省、市工作要求，结合实际，先后制定并实施《关于进一步加强农村饮水工程运行管护工作的通知》（安水发〔2018〕165 号）、《安康市农村供水管护工作考核办法》（安水发〔2021〕216 号）、《安康市农村供水工程运行管理办法》（安政办发〔2021〕30 号）等农村饮水相关政策性文件，明确目标任务、落实工作职责，健全完善了农村饮水工程长效运行管理机制，推动了农村安全饮水。

第二节 "量化赋权"模式特色及成效

一、模式特色

安康市地处秦巴集中连片特困地区，山大沟深、居住分散，工程性缺水、季节性缺水并存，工程建设难度大，饮水安全任务重。自 2017 年以来，安康市以明晰产权和赋权释能为核心，紧紧抓住确权、量权、赋权、活权等关键环节，扎实推动饮水工程"量化赋权"改革试点工作[60]，促使政府从"经营管理者"转变为"监督服务者"，最终让老百姓成为了工程良性运行的最大受益者。"量化赋权"成为破解农村供水工程特别是小型工程管理难题的一剂良方，其可划分为确权、量权、赋权、活权四个环节[61]，具体如下：

（1）确权。按照"谁投资、谁所有，谁受益、谁负担"的原则，结合基层水利服务体系建设、水权水价综合改革的要求，根据工程规模和建设投资构成，厘清国家、集体、社会法人及个人投资比例，明确产权归属，做好"精准确权"。

（2）量权。依据工程建设成本和各方投入比例，在做好工程竣工验收、审计的基础上，对工程进行清产核资、资产评估和产权量化分析，做到"合理量权"。

（3）赋权。在确保工程产权不变、公益属性及保值增值的前提下，放开经营权。针对不同类型工程，因地制宜推行专业化管理及社会化运行等多种管护模式。鼓励采取承包、租赁、拍卖、委托、股份合作和农村用水协会、村委会、村民小组管理等方式，落实管护主体，做好"有效赋权"。

（4）活权。在明确监督管护主体、建立健全管护制度、落实管护责任的基础上，重点加强政策扶持、行业监管和技术指导力度，建立工程经营管理奖惩和退出制度，通过全面健全完善工程长效运行机制，达到搞活经营权，盘活农村供水资产的目的，做到"充分活权"。

"量化赋权"能够加快建立具有市场化、社会化、专业化特色的不同类型管理模式，真正做到工程产权明晰、管护主体落实、监管责任到位、维护机制健全，确保供水工程持续运行和效益充分发挥。

二、主要成效

安康市在建好农村饮水工程的同时，为使工程良性运行长久发挥效益，安康市确定了汉滨、汉阴和紫阳3个样板县区，不失时机开展了"量化赋权"改革试点工作，积极探索饮水工程科学合理的管理体制和运行机制。汉滨区对试点的关庙镇34处工程进行了确权发证，集镇和联村工程由各供水分站专业经营，村组工程由村委会或供水协会负责经营。汉阴县明确辖区430处工程全部属于国有，由各镇政府负责管理、监督和考核，县水利局负责业务指导、维修立项和日常养护等，推行8家民营供水企业经营43个水厂的市场化管理模式。紫阳县对试点的蒿坪、双安两个集镇工程实行县级统管，对城关青中、高桥芭蕉、龙潭3个村级工程采取协会直管，明晰所有权，落实经营权，最大限度发挥了供水工程的最佳效益。

目前，安康市已完成饮水工程确权发证1079处，规模以上水厂落实管护责任233处，成立镇村供水协会495个，聘用兼职管水员678人。全市形成了5种管护模式：①全额拨款的"汉滨模式"。汉滨区专门成立供水工程管理总站，下设8个片区分站，规模水厂由供水分站直接管理，单村工程移交镇村或供水协会管理。②差额拨款的"旬阳模式"。旬阳县组建了村镇供水公司，下设3个片区中心站，负责管理18个集镇水厂。县政府为供水公司批设公益岗位55个，每年给予30万元补贴，实行企业化管理。③自收自支的"紫阳模式"。紫阳县成立供水管理总站，下辖15个供水分站，站长由水利部门任命，其他人员由站长聘用。每个分站聘用1～3名管理人员，实行统一核算、盈亏相补。④企业租赁的"汉阴模式"。汉阴县将涧池镇集中供水工程，试水承包给民营龙源供水公司经营，带动全县成立 8 家供水公司，负责 43 个水厂的市场化经营，实现了以水养水滚动发展。⑤"供水协会＋管水员＋X"的"混合模式"。即每村成立一个供水协会作为工程管护和责任主体，每处工程落实一名兼职管水员，X 为管护资金和维修基金的落实方式[62]。

通过推行"量化赋权"改革试点工作，安康市对饮水工程明确所有权，剥离经营权，盘活壮大国有资产，激发工程内生动力，调动社会资本投入供水建设、参与用水服务的积极性，稳步推进了"农村供水城市化、城乡供水一体化"，实现老百姓从"为水忧"到"有水吃"再到"吃好水"的历史飞跃，进一步满足了新时代广大群众对幸福美好生活的新期待。

第三节　其他经验做法及措施

一、推进专管机构建设

农村供水工程是和几百万农村群众日常生活密切相关的重要"家当"，没有专门的机构来负责组织相关工作，最后就会变成"乱摊子"。近些年，水利建设任务异常繁重，各县水利局客观上也无暇顾及农村供水的运行管理。因此，各县政府及机构编制部门应重视支持县级农村供水专管机构的组建，积极推广汉滨的管理模式，争取分片设立管理分站[63]。

二、明确界定工程产权

以国家投资为主建设的农村供水工程主体部分产权归国家所有，由县区水利部门行使管理职权，入户工程产权归用户所有。单位、企业、个人投资兴建的供水工程产权归投资人所有。县区水利部门可根据供水对象的重要程度、工程规模以及自身管理力量，选择部分农村供水工程移交镇政府（办事处）或村集体管理。

三、着力改善农村饮水条件

安康市从打造精品工程抓起，要求规模化水厂达到水源可靠、水厂美观、配套到位、水质达标、管理有效"五有"标准，供水千人以上工程做到隔离设施、警示标牌、管护制度、巡查人员"四有"规范，小型分散工程须配套修建过滤池和调节池。"十三五"期间全市累计完成投资 18.3 亿元，建成各类供水工程 2168 处，村镇受益总人口达到 168.83 万人，在陕西省率先实现所有贫困县饮水安全达标和整体脱贫退出[64]。

四、组建农民用水者协会

依赖于村组干部的个人威望以及一些随意性很强的土政策来进行工程管理是不规范、不科学的，在水费收缴、维修开支等方面很难做到让群众信服。因此，推行用水者协会自主管理是小型供水工程管理的关键举措。县级水利、民政部门及镇政府（办事处）负责农村供水工程用水者协会的组建和监督管理。用水者协会由用水户代表组成，用水户代表讨论制定协会章程并推选会长、副会长及管理人员。管理人员负责工程巡查检修及水费收缴。除管理人员外，其他任何人员不得以履行相关义务为由获取减免水费等任何形式的物质利益。

五、合理核定供水价格

县级水利部门要按照"保本微利"的目标，会同价格主管部门测算核定合理的供水指导价，协会管理的工程由用户协商确定水价。目前已确定的指导价不能保证工程正常运行的要积极争取物价部门重新核定。要教育广大群众认识水的商品属性，自觉足额缴纳水费，保证管理人员合理薪酬、药剂费用、小型维修等正常开支，为工程长久服务于群众提供保障。

六、全面建立维修基金

维修基金是农村供水设施较大维修及改造资金的主要来源。维修基金归集使用的总体原则是：参与维修基金筹集的工程享有使用基金的权利；所筹集的维修基金由县级农村供水管理机构设立专户管理，县级财政部门监管；维修基金可按供水受益人口2～3元/人。年、县级财政等额配套补贴的标准归集；新建的农村供水工程在前3个运行年度内原则上不得申请使用维修基金。

第四节 建 议 及 展 望

（1）重视规划与发展的协调。做好规划布局是确保项目实施效果的前提，要充分抓住农村饮水"十三五"规划中期评估机遇，认真细致地对规划实施的完成情况、实施效果、存在问题进行总结、反思和评估。在此基础上，按照"以人为本，保障民生，集中规划，分类实施"的思路和"水源优先、水质优先、集中优先、突出重点"的规划理念，通过集中供水、分散供水、城镇管网延伸辐射等各种方式，优先改善贫困地区群众的饮水条件，重点解决饮水安全不达标、易反复、保障程度低等问题，进一步提高农村自来水普及率、水质达标率、集中供水率和供水保证率[68]。

（2）加大资金争取和投入力度。农村饮水安全建设是农村公共卫生体系和农村公共基础设施的重要组成部分，需要继续完善以政府投入为主导的多元化投入机制。首先要继续争取国家、省市对农村饮水工程的投入，提高人均补助标准和增加国家投入比例，缓解农村饮水安全工程建设的资金矛盾。地方政府也要积极筹措资金，增加农村饮水工程投入，保证足额落实地方配套资金和项目前期工作费用，保证项目的顺利实施。其次，要拓宽融资筹资渠道，按照"谁投资、谁建设、谁所有、谁管理、谁受益"的原则，结合农村饮水安全工程运行管理中的产权改革，通过独资承包、租赁、股份制等形式，鼓励社会投入饮水工程建设。同时，引导和组织好受益群众投工投劳并落实自筹入户部分的投资。

（3）规范建设精品工程。建设精品工程是赢得群众认可的重要基础，要严格落实法人责任，规范原材料检测、项目验收等日常工作管理。对于规模较小、不满足招标条件的项目，可以采取打捆招标、竞争性谈判等多种方式选定施工和监理单位。在保证工程质量同时，注重景观和美学要求设计，做好配套绿化、亮化和美化，努力提升工程外观形象、打造美丽风景。

（4）持续加强水源保护。要进一步加强水源保护工作，从源头上保证水质安全。重视水源选择，所有项目水源必须进行检测，水质不达标、水源不合格的坚决不能作为工程水源。依法严格实施饮用水水源保护区制度，合理确定农村饮用水水源保护区和饮水工程管护范围。严格禁止在饮用水水源地附近发展高污染工业以及网箱等水产养殖活动，因地制宜地进行水源安全防护、生态修复和水源涵养等工程建设。做好突发水污染事件的风险控制、应急准备、应急处置、事后恢复以及应急预案的编制、评估、发布、备案、演练等工作，提高应急管理和处置能力。

（5）有效提升水质安全。集合工程规模，规范科学合理选择净水工艺和方案。规范农村饮水工程特别是小型供水工程消毒设备的安装、使用和运行管理。对于缺少消毒设备的项目，争取尽快予以解决。对于现有设备管理人员，加强操作培训指导，确保设备正常运行。充分发挥县级水质检测中心作用，按照有机构、有制度、有经费、有人员的"四有"标准，落实检测人员和检测资金，通过水厂自检、抽检、巡检等方式，扩大检测覆盖面，提高水质检测频次力度。落实安全责任，安装监控设备，专人定期巡查，杜绝不安全事故的发生。

（6）建立完善建后运行管理体制。严格落实市城乡供水运行管理办法，建立维护基金制度，合理计提折旧。协调供电、税务等部门，调整农村饮水工程生产用电价格，出台税收、水资源费及污水处理费优惠政策，切实降低水厂供水成本。加快村镇供水工程"量化赋权"改革步伐，认真总结"量化赋权"试点区县工作经验，以确权、量权、赋权、活权为重点，在集中供水工程全面推行全额拨款的"汉滨模式"、差额拨款的"旬阳模式"、自收自支的"紫阳模式"和企业租赁的"汉阴模式"；分散供水工程落实积极推行"供水协会＋X"的民主管护模式，确保不同地域、不同类型、不同规模的工程都有人管、能管好[66]。按照陕西省实施城镇供水阶梯水价的指导意见，加快城乡供水水价改革步伐，推动居民阶梯水价制度实施，合理确定居民用水价格，着力解决水价与成本倒挂问题。

第七章

浙江省上虞区"数字化管理"模式

第一节 上虞区供水工程现状

一、上虞区总体概况

（一）基本概况

上虞区位于浙江省东北部，杭州湾南岸，东邻余姚市，南接嵊州，西连柯桥区，北濒钱塘江河口，隔水与海盐县相望。经纬度跨东经 $120°36'23''\sim121°06'09''$、北纬 $29°43'38''\sim30°16'17''$。全境基本轮廓呈南北向长方形，南北最长 60km，东西最宽 46km，总面积 1403km^2，其中钱塘江河口水域面积 212.3km^2。

上虞区拥有 2 个省级开发区以及 14 个乡镇工业集聚区，产业丰富，经济繁荣。该区管辖 7 个街道、13 个乡（镇）。全区 303 个行政村，80 个城镇社区居委会。2020 年末全区总户数 28.61 万户，户籍总人口 77.75 万人。人口出生率为 5.92‰，人口死亡率为 7.26‰[67]。

（二）自然地理情况

上虞地形南高北低，南部低山丘陵与北部水网平原面积参半，俗称"五山一水四分田"。南部低山丘陵分属两支，东南系四明山余脉，较为高峻，覆卮山海拔 861.3m，是全区的最高点；西南属会稽山余脉，略为平缓，最高点罗村山海拔 390.7m。北部水网平原属宁绍平原范畴，地势低平，平均海拔 5m左右。最北端是滨海高亢平原，平均海拔 10m 左右。

上虞地处北亚热带南缘，属东亚季风气候，季风显著，气候温和，四季分明，湿润多雨。又因地形复杂，光、温、水地域差异明显，灾害性天气较多，总趋势是洪涝多于干旱。年平均气温 16.4℃，无霜期 251d 左右，一般年降雨量 1662.6mm 上下。

（三）水文水资源情况

上虞区多年平均年降水量 1662.6mm，蒸发量 1462.9mm，地表水资源量

12.41 亿 m^3。上虞区总水资源量 13.40 亿 m^3。2020 年用水量 3.18 亿 m^3，耗水量 2.1966 亿 m^3。

上虞区平均年入境水量为 27.95 亿 m^3，是水资源总量的 3.33 倍。地表水分属曹娥江、姚江两大水系，曹娥江水系境内全长 70km，流域面积 649km^2，姚江水系境内全长 8.8km。境内湖泊分布较广，主要分布在东关地区和虞北平原。全区地下水基本为浅层地下水，藏量不丰，全区浅层地下多年平均水资源为 1.9054 亿 m^3。每年可开采量约 3896 万 m^3，主要分布于曹娥江中游的河谷地带[68]。

曹娥江水系除曹娥江干流外，还包括南部低山丘陵和东关平原地区的溪涧河湖。山溪性河流主要有隐潭溪、下管溪、范洋江、小舜江。曹娥江是钱塘江下游主要支流之一，干流长 197km，主河道平均坡降 3.0‰，流域面积 608km^2。隐潭溪流域河道全长 34.6km，流域面积 97km^2，河道平均比降 25.3‰，隐潭溪在上虞区域内干流河道总长 23.4km，河道比降 13.6‰，流域面积 71.7km^2。下管溪总流域面积 234.9km^2，主流长 38.3km，天然河道比降 21.8‰。下管溪在上虞区域内干流河道总长 29.69km，河道比降 4.35‰，流域面积 193.9km^2。小舜江全长 69.3km，流域面积 547.9km^2，小舜江在上虞区域内河道长度 8.18km，河流比降 3.4‰，集雨面积 90km^2，占全流域面积的 16.4%，属常年性溪流[68]。

姚江是甬江的南源，流经梁弄，出四明湖水库，与通明江汇合（新江口），汇合后的江段称姚江，全长 107km。通明江全长 19.2km。位于上虞北部平原的虞甬运河上虞段、百沥河、百崧河、夏盖河和四十里河等均为姚江支流。属于姚江水系的还有北部海涂围区内河道 24 条。沿塘河的河底高程大多为 0.1～0.6m，边坡 1∶3，河底宽度为 16～20m。排涝主干河道的宽度可达 25～36m。海涂围垦区各类河道总长度为 180.9km[68]。

二、供水工程总体情况

上虞区有户籍人口约 77.75 万人，其中农村供水人口 59.45 万人。2018 年以来，上虞区积极响应省政府关于实施农村饮用水达标提标行动工作的总体部署，共投入资金 1.77 亿元，农村饮用水达标人口全覆盖，农村供水工程供水保证率达到 98% 以上，水质达标率达到 90% 以上，城乡规模化供水工程覆盖人口比例达到 96% 以上，收费收缴率已达到 98.1% 以上，基本实现城乡同质饮水。

按供水集中程度，上虞区农村饮用水供水方式分为以下两种：

（1）城市水厂管网延伸供水区。上虞区城市水厂供水范围已基本覆盖除岭南外的全区各乡镇、街道，其中供给农村人口约 56.3 万人，占农村总人口的

94.8％。管网延伸供水区由供水公司按照"同网、同价、同服务"标准负责运行管理。

（2）单村供水区。农饮水工程所涉共有 91 个单村供水站，主要分布于虞南山区，位于岭南乡、陈溪乡、下管镇、章镇镇、丰惠镇、汤浦镇 6 个乡（镇），30 个行政村。其中千人以上（Ⅳ类）水站共 4 座，供水农村人口8163 人，千人以下（Ⅴ类）水站共 87 座，供水农村人口 22360 人。总单村水厂供给农村人口 30523 人，占农村总人口的 5.2％。单村供水区原由属地乡镇直接管护或物业化委托第三方机构负责日常管理和运行维护，区级统管机构调整为区水务集团后，由区水务集团承担全区农村饮用水工程统筹管理。

三、供水工程运营管理情况

上虞区积极推行区级统管运管模式。区水务集团负责实施的城乡联网供水工程，由区水务集团负责日常管理和运行维护。属地乡镇政府负责实施的乡镇、单村供水工程，在区级统管机构的统筹管理下由属地乡镇直接管护或物业化委托第三方机构负责日常管理和运行维护。2020 年 3 月 18 日，明确将农村饮用水工程区级统管机构由区水利技术指导中心调整为区水务集团，承担全区农村饮用水工程统筹管理的职责，具体由下属供水公司负责，供水公司组建农饮水运行管理科，明确科室管理职能和工作任务。区水务集团主要负责原水管道和供水站的运行管理，核心就是制水管理。属地乡镇、村负责水源地保护、供水站外的输配水管道维护和水费收缴等工作。上虞区农村供水管理组织机构情况如图 7-1 所示。

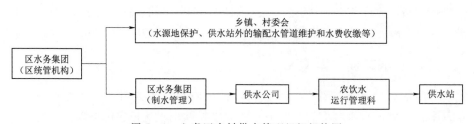

图 7-1 上虞区农村供水管理组织机构图

（一）总体分工

农村饮用水工程运行管理实行行政首长负责制，区人民政府对全区农村饮用水安全负主体责任，乡镇人民政府对本行政区域内农村饮用水安全负主体责任。水利、建设、生态环境、卫生健康等部门对农村饮用水安全负行业监管责任；发展改革、财政、自然资源和规划、农业农村、交通运输、税务、供电、水务等有关部门按照各自职责，共同做好农村饮用水工程运行管理工作。

（二）机构及职责

1. 区水利局

区水利局是农村饮用水安全的行业主管部门，负责抓好农村饮用水工程规划计划、项目实施方案等前期工作和组织实施，制订农村饮用水工程的管理相关规定和考核细则，指导、监管农村饮用水工程建设和运行管理等工作。

2. 区水务集团

区水务集团是农村饮用水工程的区级统管机构，承担全区农村饮用水工程统筹管理的职责。具体由供水公司来负责全区农村饮用水工程的运行管理工作，主要负责原水管道和供水站的运行管理。

3. 相关乡镇

相关乡镇负责属地范围内水源地保护、供水站外的供配水管网维护、水费收缴等工作。

4. 受益村

受益村负责工程属地巡查管理维护，劝阻损害、改动、破坏和侵占供水设施的行为。制定饮用水工程运行管理村规民约，监督供水设施设备的管理和使用，配合上级检查。

（三）产权及责任划分

农村饮用水工程管理根据实施主体确定产权，明确管理职责。

1. 区水务集团

由区水务集团负责实施的城乡联网供水工程资产归区水务集团所有，区水务集团负责日常管理和运行维护。城乡联网供水工程运行管护、水质检测及日常维修费用由区水务集团筹措解决。统管机构由区水利技术指导中心调整为区水务集团后，区水务集团承担全区农村饮用水工程统筹管理的职责。

2. 乡镇、村集体

由属地乡镇政府负责实施的乡镇、单村供水工程资产分别归当地乡镇、村集体所有，乡镇、单村供水工程在统管机构由区水利技术指导中心调整为区水务集团后，由区水务集团承担农村饮用水工程管理工作。负责属地乡镇、村负责水源地保护、供水站外的输配水管道维护和水费收缴等工作。

3. 用水户

入户管道及配套设施由用水户自行管理并承担维修费用。因管理不善造成的损失由属地政府承担。

（四）水价核定及水费收缴

上虞区农村饮用水供水实行有偿使用、一户一表，装表到户、抄表到户、计量收费制度，以县为单元统一定价，全面按规定落实农村供水工程用电税收等优惠政策，并综合考虑经济社会发展水平、供水成本、水资源稀缺程度、用水户承受能力等因素，稳步推动按供水成本收费，确保农村饮用水工程正常运行及维修管理经费。目前，全区水费收缴工程覆盖率达95.7%以上，总收缴率达98.1%以上。城乡联网供水工程和单村供水工程水费计收情况如下：

（1）城乡联网供水工程。城乡联网供水工程覆盖的地区由区水务集团按照统一收费标准定期向水户收取水费，城区水费标准为2.95元/m³，农村水费标准为2.75元/m³，并实行阶梯式收费。

（2）乡镇单村供水工程。乡镇、单村供水工程定期抄表、收费（收缴周期最长不超出6个月）。乡镇单村供水工程水费政府指导价为1～2元/m³，在乡镇政府的组织下，由村委会召开村民会议或村民代表会议，明确水费收取标准和收费方式，农村低收入家庭等特殊用户，可以免缴限额内用水水费。相关村委会定期对水量、水费收缴进行公示，接受用水户和社会监督。

（五）规章制度

上虞区根据省、市工作要求，结合实际，先后制定并实施《上虞区农村饮用水达标提标三年行动计划实施意见（2018—2020）年》、《上虞区农村饮用水工程运行管理办法（试行）》（虞政办发〔2019〕93号）、《关于进一步推进农村饮用水供水工程水费计收工作的通知》（虞政办发〔2019〕10号）、《2020年上虞区农村饮用水工程运行管理考核细则》等农村饮水相关政策性文件，全面落实"三项制度""三个责任人"，明确目标任务、落实工作职责，健全完善了区级农村饮水工程长效运行管理机制，推动了农村安全饮水。

第二节　数字化发展思路及成效

一、"数字化管理"特色模式

浙江省聚焦"城乡同质饮水和城乡供水安全"，着力打造"源头到龙头""数据集成、业务协同、在线监管、掌上服务"的城乡清洁供水数字化管理系统；着重构建"一库、一图、一网"，即一个全覆盖的城乡清洁供水数据库，一张全要素的城乡清洁供水信息展示图，一个涵盖全省城乡供水水源、水厂、供水管网、供水终端的全过程数字化管理业务系统，如图7-2所示。全省供水水厂（站）、供水水源全部入库、上图、联网，共享生态环境、建设、卫生健康、气象等信息，构建统一供水应用，实现水源、水质、水量实时监测、在线监控，切实保障供水安全。并对标现代化水厂（水站）建管要求，加大视频监控、取供水量在线计量监测、水质监测、远程操控等自动监控系统建设力度，长距离输水管网加设供水水压监测等装备，积极打造"无人值守""少人

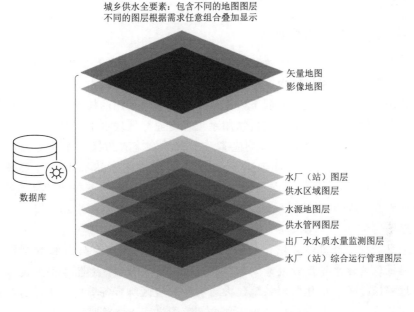

城乡供水全要素：包含不同的地图图层
不同的图层根据需求任意组合叠加显示

矢量地图
影像地图

数据库

水厂（站）图层
供水区域图层
水源地图层
供水管网图层
出厂水水质水量监测图层
水厂（站）综合运行管理图层

图 7-2 浙江省城乡清洁供水一张图

值守"农村供水工程。

城乡清洁供水数字化管理工作由清洁供水管理系统、运行管理平台和水厂（站）数字化建设三部分组成：①清洁供水管理系统。由省级统一建设，主要为省、市、县三级水利、建设、生态环境、卫生健康等监管部门和城乡供水管理单位使用，包括城乡供水信息展示、监测、预警、分析、业务协同等主要功能，实现全省供水"从源头到龙头"的大数据互联互通。②运行管理平台。由城乡供水管理单位负责建设或利用省级统一开发的运管平台（通用版），通过平台对县域内所用供水工程实行信息化管理［已纳入市级城乡一体化的县（市、区），可以统一纳入市级供水单位运行管理平台］，提高制水效益，优化供水管理服务。③水厂（站）数字化建设。完成信息化提升改造，实现实时监控、实时监测、实时预警；农村集中供水工程。全域全面实现信息化运行管理。

上虞区通过数字技术应用，强化城乡供水行业"监管＋服务"，建设城乡供水主管、运管、用户三位一体的"城乡清洁供水数字化管理系统"。同时，对标现代化水站建管要求，加大视频监控、在线计量监测、在线水质监测、远程操控等自动化监控系统建设力度，对全区所有单村供水工程分批开展数字化建设，全部落图进库上线管理，力争全部建成"无人值守"水站，全面完成全区单村供水站数字化建设任务，切实保障广大农村群众长期喝上清洁、干净、安全的水。

二、取得的主要成效

上虞区积极开展区级统管长效管护机制建设，2020年3月18日，将农村饮用水工程区级统管机构由区水利技术指导中心调整为区水务集团，承担全区农村饮用水工程统筹管理的职责，充分发挥了水务集团的技术优势、管理优势和设施设备优势，切实提升农村饮用水工程专业化管理水平。

2018年以来，上虞区积极响应省政府关于实施农村饮用水达标提标行动工作的总体部署，共投入资金1.77亿元，农村饮用水达标人口覆盖率达到100％，农村供水工程供水保证率达到98％以上，水质监测覆盖率100％，达标率达到90％以上，城乡规模化供水工程覆盖人口比例达到96％以上，收费收缴率已达到98.1％以上。

上虞区积极推进城乡供水水源、供水工程等基础信息整合和数据资源汇聚，对标现代化水站建管要求，加大视频监控、在线计量监测、在线水质监测、远程操控等自动化监控系统建设力度，对全区所有各单村供水站分批开展数字化建设，确保所有单村供水工程全部落图进库上线管理。

2020年，上虞区作为全省农村饮用水达标提标行动成绩突出县（市、区），获得浙江省水利厅、发展改革委、财政厅等六部门联合发文通报表彰[69]。2021年，省政府办公厅通报表扬全省农村饮用水达标提标工作成绩突出集体和个人，上虞区荣获"农村饮用水达标提标行动工作成绩突出集体"[70]。2021年1月29日，区供水公司顺利通过一体化认证评审[71]。

第三节 管理模式及措施

一、创新区级统管管理模式，保障工程建后长效管护

上虞区坚持先建机制、后建工程，推动"村建村管、乡建乡管"向"区级统管"，"村民自管"向"专业管护"转变，全面实施区级统管责任制，明晰农村供水工程产权主体、管理主体、管理流程、管理职责等。

区级统管机构原由水利局负责组建，水利技术指导中心承担全区农村饮用水工作组织协调、检查检测、考核培训等工作。城乡联网供水工程由水务集团实行统一专业化管理；乡镇及以下供水站由属地乡镇负责，因地制宜采用成立管护队伍直接管理或开展物业化发包等多种方式，区疾控中心为单村供水工程水质检测单位[72]。2020年3月，区级统管机构调整为区水务集团，由区水务集团承担全区农村饮用水工程统筹管理工作，切实提升农村饮用水工程专业化

管理水平。

全面开展农村供水工程标准化管理建设，做好工程建设、水源保护、水质监测评价"三同时"制度，出台《上虞区农村饮用水工程运行管理办法（试行）》。强化财政保障，区政府对落实农村供水工程建设与管护负总责，统筹利用水利建设发展资金、财政奖补等资金政策，保障农村供水工程建设与长效管护，并建立健全农村供水工程应急保障工作机制。

二、注重前期质量、加强工程管理

上虞区对照《浙江省水利厅关于进一步加强村镇供水工程规范化建设与管理的通知》《浙江省农村供水工程建设导则（试行）》要求，对全区农村饮用水工程进行全覆盖提标，加强项目全过程建设管理，切实落实工程质量终身责任制。

各责任单位成立质量监管专班，加强日常工程质量管理，农村饮水安全工程领导小组办公室实行月督查月通报制度。对照《浙江省农村供水工程建设导则（试行）》要求，做好管道、水表、阀门等主材、一体化净化消毒设备、隐蔽工程和分部工程等中间环节验收；同时合理控制工程变更，并按要求委托"第三方"进行质量抽检，对不符合要求的，坚决返工重做；规范完工验收程序，确保"建一处、成一处、发挥效益一处"。

三、加强农饮水水源保护、水质保障

全面加强农村饮用水水源地保护，开展水源保护区（范围）规范化建设。日供水规模 200t 以上的农村饮用水水源完成保护范围划定，并全部设立警示标志。日供水规模不足 200t 的农村集中式饮用水水源，属地乡镇负责督促和指导水源地所在村制定保护公约，明确保护范围，设立警示标志。水利部门实时更新保护信息至水源地档案。水利、生态环境、农业农村、卫生健康等部门强化行业指导、监督检查和联合执法，加强农村饮用水水源地保护范围内污染源整治。

完善全区农村饮水安全监测体系。区供水有限公司各水厂建立水质监测中心，定期开展水质检查，农村饮用水工程由区疾控中心对供水水质进行定期监测并建立水质监测档案。建立定期会商机制，通报水质状况，面对供水水质不符合饮用水卫生标准的，依法进行查处。

四、能力提升重服务

充实专业化管护能力，配备配齐巡查、运管、维修、抢险等日常管理人员，举办制水工艺、水质检测、标准化管理等业务培训，做好政策解读、技术宣贯。

广泛公布农村供水行业监督电话和区级统管单位供水服务电话，主动监测并积极受理群众反映的水源污染、水量不足、水质不达标等突出问题，及时应对、有效管控。

根据《浙江省农村饮用水达标提标行动考核办法》《绍兴市上虞区农村饮用水工程运行管理办法（试行）》等有关规定，结合上虞区实际，制定《2020年上虞区农村饮用水工程运行管理考核细则》。由区水利局、区水务集团负责对相关乡镇农村饮用水供水工程日常运行管理情况进行考核，包括组织机构、工程运行、水质安全、资金管理及其他等。考核结果与运行管理及维修费用区级财政补助资金挂钩。奖罚分明，推动农村安全饮水工程长效管护。

五、落实建设和维护资金

城乡联网供水工程建设总投资及泵站运行维护费用除绍兴市级以上补助资金外，由区财政、乡镇、村和区水务集团承担；乡镇、单村供水工程以区财政补助、乡镇和村级配套方式进行筹措。

城乡联网供水工程运行管护、水质检测及日常维修费用由区水务集团筹措解决。乡镇及以下供水工程的日常运行管护和维修资金由属地乡镇承担，财政根据供水工程数量、供水规模和部门考核结果实行以奖代补。入户管道及配套设施由用水户自行管理并承担维修费用。10万元以上的单项农村饮用水工程设施设备大修和更新改造另行申请区级立项，经验收、审计后按照相关规定予以补助。因管理不善造成的损失由属地政府承担。

六、科学合理制定水价，专款专户规范使用

上虞区农村饮用水供水实行有偿使用、一户一表，装表到户、抄表到户、计量收费制度，全面按规定落实农村供水工程用电税收等优惠政策，并综合考虑经济社会发展水平、供水成本、水资源稀缺程度、用水户承受能力等因素，稳步推动按供水成本收费，确保农村饮用水工程正常运行及维修管理经费。

城乡联网供水工程覆盖的地区，由区水务集团按照统一收费标准定期向水户收取水费，城区为 2.95 元/m^3，农村为 2.75 元/m^3，并实行阶梯式收费；乡镇单村供水工程水费政府指导价为 1～2 元/m^3，在乡镇政府的组织下，由村委会召开村民会议或村民代表会议，明确水费收取标准和收费方式，农村低收入家庭等特殊用户，可以免缴限额内用水水费。目前，全区水费收缴工程覆盖率达95.7%以上，总收缴率达98.1%以上。

对于未落实水费收缴、收缴不足或水费管理使用不规范，造成供水设施管理不善的乡镇、村进行定期通报，连续通报的要酌情暂停各类政府性补助。

第四节 建议及展望

（1）进一步完善数字化改造。以长期保障城乡居民高质量饮水为核心目标，在水利局的统筹安排下，按照浙江省城乡清洁供水数字化管理要求，在完成部分供水站数字化建设的基础上，对还未实施数字化提升的供水站完成数字化建设实施方案的编制和建设，并全面纳入农饮水运管平台，构建"一张图"数字运维体系，强化城乡供水行业"监管＋服务"，进一步提升城乡供水一体化管理水平和效能，确保所有供水工程实现数字化管护，推动水治理体系和治理能力现代化。

（2）全面实行标准化管理。进一步完善运维标准，充实专业化运维力量，配备配齐巡查、维修、抢险、自控等日常管理人员，同时制定农村饮用水工程日常运维考核制度，加强对运维工作的监督考核，高标准、高质量开展农村供水站的运维工作，实现农村饮用水工程标准化管理。

（3）全力实现优质化供水。根据《村镇供水工程技术规范》（SL 310—2019）等要求，进一步加强农饮水运管标准和运管能力建设，加强运管人员培训，定期举办制水工艺、水质检测、标准化管理等业务培训，为农村饮水安全提供思想、理论、业务基础保障。强化供水站应急管理，制定应急工作预案，建立健全农村供水工程应急保障工作机制，织起供水安全"一张网"，切实提高农饮水运管水平，全力保障农村饮用水工程运行安全、供水优质。

（4）统筹规划一体化供水。坚持农村供水工程向城乡供水一体化和规模化方向发展，按照能集中就不分散、能延则延、能并则并，最大限度延伸城市供水管网、最小限度保留单村水站的原则，统筹规划实施联网工程建设，真正实现城乡供水"同网、同质、同服务"目标。

（5）进一步落实建设和维护资金。调整优化支出结构，统筹利用水利建设发展资金、财政奖补等资金政策，进一步加大公共财政投入力度。创新体制机制，充分利用市场机制和手段，拓宽市场化筹资渠道，依法合规筹措建设资金。采取财政补助和水费计提等组合方式，建立工程维修养护资金，健全资金管理制度，加强资金使用监管，促进工程良性运行。同时，引导受益群众筹资投劳，确保农村供水工程建设、长效管护等方面资金及时足额到位。

第八章

甘肃省环县"多水源保障"模式

第一节 环县供水工程现状

一、环县总体概况

(一) 基本概况

环县位于甘肃省东部，庆阳市北部，陕、甘、宁三省（自治区）交界处，地处北纬 $36°01'\sim37°09'$，东经 $106°21'\sim107°44'$ 之间，东临甘肃华池县、陕西定边县，南接甘肃庆城县、镇原县，西连宁夏固原市原州区和同心县，北靠宁夏盐池县，东西宽约 124km，南北长约 127km，总面积 9236km²。辖 10 镇、10 乡，有 251 个行政村，11 个社区，1487 个村民小组，总人口 10.3 万户 36.5 万人，其中农业人口 8.4 万户 32.9 万人，占总人口的 90%。

(二) 自然地理情况

环县地处毛乌素沙漠边缘，陇东黄土高原丘陵沟壑区，属残塬沟壑区向沙漠区的过渡地带。地貌分为西部掌地丘陵沟壑区、北部梁峁丘陵沟壑区、南部残塬丘陵沟壑区、中部环江河谷区。全境 90% 以上面积为黄土覆盖，境内丘陵起伏，沟壑纵横，有流域面积 1km² 以上的沟道 1.74 万条（其中流域面积 10km² 以上 1820 条），有大小山梁 859 架、山头 3 万余个。有大小残塬 527 块（其中秦团庄乡大巴咀塬、环城镇马坊塬、八珠乡八珠塬、合道镇赵塬、罗山乡大树塬为环县五大塬），面积 302km²，占全县总面积的 3.3%。有掌区小流域 382 条，面积 936km²，占全县总面积的 10%。全县地势呈西北高、东南低走向，海拔最高点为 2089m 的毛井马大山，最低点为 1136m 的曲子五里桥，相对高差为 953m，县城海拔 1300m。

(三) 水文水资源情况

环县属温带大陆性半干旱气候，年平均气温 9.2℃，无霜期 200d，日照时间 2600h，常年平均降水量 300mm 左右，且时空分布不均，降水时段主要集中在 7—9 月，蒸发量高达 2000mm。降水地域由东南向西北逐渐减少，县南天池、演武年均降水 400mm 左右，县北甜水、山城年均降水不足 200mm。因降水量少，加之土壤质地疏松，保墒差，经常处于干旱状态，资源型、水质型、工程型缺水并存。

环县地表水共有环江、蒲河、苦水河、清水河四大水系。环县地表水径流总量为 2.179 亿 m^3，其中过境水量为 0.335 亿 m^3，自产水量为 1.844 亿 m^3。自产水量中 63% 是洪水，1.16 亿 m^3 无法利用；基本径流占 37%，年径流量 6840 万 m^3。其中 5% 是矿化度小于 1g/L 的淡水，总量约 340 万 m^3，可以饮用，主要分布在蒲河流域，芦家湾和天池演武的局部、八珠的极少数地方；39% 是矿化度 1~3g/L 的微咸水，主要分布在蒲河、元城川、环江流域的城西川、安山川、合道川以及天池、演武、合道、车道、芦家湾的河道，毛井、虎洞南部河道，环城、木钵、曲子环江以西支流，樊家川、八珠部分河道，适宜用于农业灌溉，总量约 2670 万 m^3；40% 是矿化度 3~6g/L 的咸水，主要分布在环县北部环江流域的毛井、车道、小南沟、虎洞、洪德、耿湾、四合原各河道，樊家川以及环城、木钵、曲子东部河道，可以作为牲畜的应急用水，总量约 2740 万 m^3；15% 是矿化度 6~10g/L 的苦咸水，主要分布在清水河、苦水河流域，环江流域的南湫、甜水堡、山城、罗山川、秦团庄几个乡（镇），水质极苦，并且含氟超标，总量约 1020 万 m^3；还有 1% 是矿化度大于 10g/L 的盐水，主要在毛井的清水河流域和甜水的苦水河流域，水质极苦，有很强的腐蚀性，总量约 70 万 m^3，并且这部分水里含氟极高。

环县浅层地下水天然资源量为 12729 万 m^3，其中可开采资源量占 60%，约为 7661 万 m^3，另外 40% 维系河道良性生态循环，与地表水重复计算，约为 5100 万 m^3。环县下白垩系深层地下水储存资源比较丰富，总计 9979 亿 m^3，主要分布在环河—华池组、宜君—洛河组，泾川—罗汉洞组有少量分布。

可开采浅层地下水水质：矿化度小于 1g/L 的淡水占 5%，为 383 万 m^3；矿化度 1~3g/L 的微咸水占 40%，为 3049 万 m^3（6 价铬超标）；矿化度 3~6g/L 的咸水占 40%，为 3088 万 m^3；矿化度 6~10g/L 的苦咸水占 14%，为 1133 万 m^3；矿化度大于 10g/L 的盐水占 1%，为 8 万 m^3。各类水质分布区域和地表水基本一致。

储存资源量水质：环县地下水资源储存总量为 9977 亿 m^3。矿化度小于 1g/L 的淡水占 5%，为 498 亿 m^3；矿化度 1~3g/L 的微咸水占 40%，为 3971 亿 m^3；矿化度 3~6g/L 的咸水占 40%，为 4022 亿 m^3；矿化度 6~10g/L 的苦咸水占 14%，为 1475 亿 m^3；矿化度大于 10g/L 的盐水占 1%，为 11 亿 m^3。

综上，除去洪水量，浅层地下水和地表水总量为 1.95 亿 m^3，人均 545m^3。可饮用淡水资源总量为 725 万 m^3，人均约 20.25m^3；利用降雨资源约 300 万 m^3，人均约 8.6 万 m^3；扬黄工程总调水量为 2466 万 m^3，除去庆城用水，环县可利用的毛水量为 1866 万 m^3，按照 2020 年规划，用于城镇、农村人饮的水量为 1200 万 m^3，人均可利用水量为 $34m^3$。人均可利用饮用的淡水量为 $63.26m^3$。

二、供水工程总体情况

全县城镇管网延伸工程包括环城镇供水服务站，其日供水规模 $14000m^3$，水厂两座，负责城区供水；联村供水工程有 11 处，主要负责供给乡镇以及周边农村；分散式供水工程则为集雨场窖、蓄水池、小电井等。全县有 2.19 万户、8.75 万人采用场窖、小电井、引泉、自来水等多种供水方式并存的供水方式，实现了供水的多重保障。供水工程的建设极大改善了农村群众的饮水条件，提升了农村人居环境水平，促进经济社会持续发展。

截至 2020 年 1 月，环县农村有 82895 户、331418 人，以场窖为主的有 16496 户、65951 人，以小电井为主的有 7607 户、3.04 万人，自来水入户的有 34035 户、13.61 万人，举家搬迁县外饮用自来水的有 9018 户、3.6 万人。由于该县情况特殊，场窖、小电井、引泉、自来水等多种方式并存，全县有 2.19 万户、8.75 万人实现了多重保障，其中"场窖＋自来水"有 17470 户、6.98 万人，"场窖＋小电井"有 2535 户、1.01 万人，"小电井＋自来水"有 1481 户、0.59 万人，"场窖＋自来水＋小电井"有 417 户、0.17 万人。另外，新建集中供水点蓄水池 378 座。以机井、自来水、蓄水池等方式的集中供水点辐射 15739 户 6.29 万人，解决了干旱年份农户水窖存水不足应急拉水问题。对饮用场窖水的 17434 户 69701 人安装窖水净化器，实现了"家家有安全饮水设施、户户有饮水安全保障"的目标。全县集中供水普及率 60%，自来水入户率 51.9%。对照农村人饮安全验收标准水质、水量、用水方便程度和供水保证率四项指标详细调查分析，全县农业人口 82895 户、331418 人饮水全部安全，饮水安全农户比例 100%，全县 251 个行政村达到国家农村安全饮水退出标准。

三、供水工程运营管理情况

环县积极推行供水和排水、农村供水和城市供水"一家管"的运管模式，由国有化自来水公司负责规划、融资、建设、运营、维护、服务一体化管理。自来水公司下设农村供水分公司，农村供水分公司在各乡镇设立供水服务站，各行政村则设有供水点，管理服务到每一位用水户。环县供水管理机构设置如图 8-1 所示。

（一）总体分工

县水务局是农村饮水安全工程的行政主管部门，负责农村饮水安全工程的

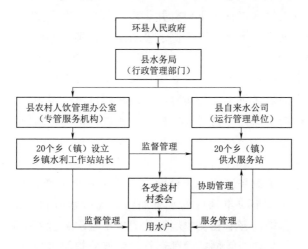

图 8-1 环县供水管理机构设置

规划、建设，对农村饮水安全工程运行监督管理，配合市生态环境局环县分局对饮用水源地进行划定保护；县财政局负责对农村饮水供水运行管理单位补助资金（维修养护、管理运行资金）的保障落实；县人力资源和社会保障局负责将招聘管理人员纳入城镇职工社会养老保险统筹范围；县卫生健康局负责农村供水卫生监督和水质监测工作，建立和完善农村饮用水水质监测制度；市生态环境局环县分局负责饮用水源地的划定、环境保护和水污染防治工作；县发展改革局负责供水成本审查和水价的核定；县审计局负责对水费、县财政补助资金的管理和使用进行监督；县供电公司负责提供电力保障和落实优惠电价政策；乡镇人民政府对辖区内的农村饮水安全负行政主体责任，组织协调农村供水工程管理单位做好农村人饮安全保障工作。

（二）机构及职责

1. **环县农村人饮管理办公室**

为农村饮水安全专管服务机构，隶属县水务局。其职责为：负责全县农村饮水安全工程建设及全县农村供水工程运行管理和监督；负责做好农村饮用水水质检测监督工作；负责指导乡镇、村组开展人饮供水和节约用水工作，承办主管部门交办的其他工作。乡镇设立水利工作站，其职责为：负责监督本乡镇农村供水工程运行管理，统计本乡镇农村饮水设施和其他水利设施，宣传涉水法律法规。

2. **环县城乡供排水公司**

环县城乡供排水公司即环县自来水公司，性质为国有企业。设立农村供水分公司，作为农村饮水安全工程的运行管理单位，实行专业化管理，企业化运营。其职责为：负责县域内所有国家投资建设的农村集中供水工程（以扬黄水为水源的千吨万人供水工程、小型机井供水工程、引用沟道水小型供水工程）的调水、净化水处理、水质检测、供水管理运行、维修养护和水费收缴工作。

3. 供水服务站

县农村供水分公司在各乡镇设立供水服务站，负责履行农村供水分公司在辖区内所有职责。农村供水分公司对以行政村或村民小组为单位建设的农村供水设施，可以根据实际运行情况设立村级水管员，负责村级饮水工程的经营管理和维护。

4. 乡镇政府

各乡镇确定一名副乡（镇）长分管农村饮水安全工作，组织水利工作站、派出所、司法所协调解决本辖区的水事纠纷，配合水政执法部门办理水事案件，指导水利工作站监督农村供水服务站的供水管理运行和维修管护工作，并督促各受益村组做好村级管网的管理运行、维修养护及水费收缴工作。

5. 村委会

各受益村村委会负责协助管理村级管网，协调处理本村内的供水水事纠纷，配合乡镇水利工作站、供水服务站做好各类集中供水工程的水费收缴和管理运行、维修养护工作，参与农村饮水安全工程建设，协调处理建设过程中的各种矛盾纠纷。

（三）产权及责任划分

1. 产权归属

政府投资建设的集中供水工程，其水源工程（水库、调蓄水池、抗旱应急蓄水池）、泵站工程、电力设备、自动化设备、高位水池、供水干支管（以供水支管与村级管网"T"接点为界）的所有输水、配水工程和村级管网（以供水支管与村级管网"T"接点和入户"T"接点为界）以及分散的蓄水池工程产权属国家所有，资产划归县城乡供排水公司；入户工程（入户"T"接点到用水户的水龙头），不论是国家投资建设或农户自建，其产权属农户所有。政府补助或农户自建的集雨场窖、小电井工程产权归农户所有。

2. 责任划分

产权属国家所有的工程（以扬黄水为水源的千吨万人供水工程、小型机井供水工程、引用沟道水小型供水工程）由县城乡供排水公司依照相关规章制度依法管理，因管理不善造成的一切损失由该公司承担。产权属国家所有的村级管网和分散蓄水池由村委会协助管理，由乡镇供水服务站负责统一维修养护。村级管网损坏导致房屋、道路、农田等水毁损失及造成人身安全事故，由事故责任人承担。产权属用水户所有的入户工程，由用水户管理、使用、维修，维修和设施更换费用由用水户承担。入户设施损坏导致自己或他人房屋等财产水毁损失及造成人身安全事故，由事故责任人承担。乡镇供水服务站应当与受益村、用水户签订供水设施管护协议，明确管理范围和责任。

（四）水价核定及水费收缴

农村饮水安全工程水费收缴实行收费到户，机械水表由专人上门抄表，智能水表由用水户到所在乡镇供水服务站刷卡缴费。

农村供水实行两部制水价，用水户每月核定基本水量 $1m^3$，每月不足基本用水量的，按 1t/月标准计收；超过基本用水量的，按实际用水量计收；在出现水表无法计量时，按基本用水量计收。用水户要按规定的日期缴纳水费，逾期不交的，按日加收 2‰ 的滞纳金，经催缴无效的，可以停止供水。村委会应督促用水户积极缴纳水费，如出现行政村水费收缴率低于 85％ 时，乡镇分管领导应督促村委会和用水户于 5 日内交清水费。

县城乡供排水公司建立水费专户，将收缴的水费实行统一管理，主要用于所管理（入户工程除外）人饮工程的运行、维修、养护，据实核销。农村饮用水供水价格达不到供水成本，造成经营困难，县财政对亏损部分给予全额补贴，供水补贴使用接受审计监督。

建立农村饮水安全工程维修养护基金，实行专账管理，专门用于农村人饮工程维修养护，制定维修养护基金使用管理办法，确保规范管理使用。维修养护基金通过财政补贴、水费提留（按水费收入 10％～20％ 提取）等方式筹措。农村饮用水安全工程供水设施用电纳入全省农业排灌电价控制基数，按地表水、地下水扬程分别执行相应类别的农业排灌优惠电价。

（五）规章制度

县政府先后印发了《环县农村饮水安全工程运行管理办法》（环政办发〔2019〕59 号）和《环县农村供水工程维修养护基金使用管理办法》（环政办发〔2019〕77 号），健全完善了县级农村饮水工程运行管理机构、运行管理办法和运行管理经费"三项制度"，对工程规划建设、管理运行、工程维护、水源水质、水价核定及水费收缴等事项进行了明确的权责划分和管理规定，确保了农村饮水工程的可持续运行。

第二节 "多水源保障"模式特色及成效

一、"多水源保障"特色模式

环县现存水源主要分为地表水、水窖水、黄河水和地下水四类。面对丘陵沟壑区地势复杂、多类型缺水并存和深度贫困等问题，环县因地制宜采用"四水齐抓"方式多重保障农村供水。四类水的利用情况如下：

（1）地表水。其境内较大的河流有环江、蒲河、苦水河、清水河等 4 条，全县地表径流总量为 2.179 亿 m^3，环县人均水资源总量 637m^3，占全国人均水资源量 2200m^3 的 29%。苦咸水占径流总量的 50%，真正可利用的水量为 3400 万 m^3，只占径流总量的 16%。

（2）水窖水。现共有 14 万 m^3 水窖水。环县常年水资源短缺，依靠降雨形成了每家每户用水窖水的局面。

（3）黄河水。依托扬黄工程，拓展延伸了受水区域，环县受水区已经由起初 11 个乡镇扩大到了 16 个乡（镇）、86 个行政村，受益人口增加到 21.2 万人，占全县总人口的 60% 以上。

（4）地下水。从地下水资源来看，除蒲河流域为淡水外，其余均系苦咸水，人畜不能饮用，也不能灌溉。自 2011 年实施了苦咸水淡化试点工程，为环县受水区 23.4 万人口提供了可靠的水源保证。

目前，环县农村饮水优先利用扬黄水，合理利用地表水和地下水，充分利用降雨资源，形成了"集蓄天上水、提取地下水、淡化苦咸水、引用黄河水"四水齐用的"多水源保障"模式，有效解决环县水资源不足的问题。

为有效保护水源，环县制定最严格管理制度来加强水资源管理、提升水环境质量、推进水生态修复工作。按照相关管理条例和管理办法，规范审核取水发证流程，大力推进计量设施安装、强化水资源管理，对未安装计量设施、未做水资源论证的单位和个人不予发放取水许可证。扎实推进取水口专项整治行动，进一步规范取用水行为，依法整治存在问题，建立健全取水口管理制度。对于水源地因突发事故造成或可能造成饮用水源污染时，事故责任者应立即采取措施消除污染并报告供水管理单位，由市生态环境局环县分局组织相关部门调查处理[73]。

二、取得的主要成效

（1）全面实施集雨场窖工程，累计投资 3.25 亿元，配套建设水窖 835358 眼、集流场 62443 处。

（2）逐步实施扬黄供水工程，投资 6.24 亿元，建成千吨万人自来水入户工程 7 个、搬迁安置点集中供水工程 45 处，延伸管线 4500km，保障了全县 21.8 万城乡人口黄河水供给。

（3）稳妥实施机井供水工程，投资 2.10 亿元，建成机井 122 眼，配套淡化设备 59 处，建设以机井水为水源的小型集中供水工程 48 处。

（4）选择实施小电井和沟道水集中供水工程，先后投资 0.21 亿元，建成以沟道水集中供水工程 8 处。

最终形成场窖广泛分布，机井、引泉小电井相互补充，扬黄集中供水工程覆盖范围逐步扩大，多种饮水方式互补的水源保障体系，实现了全县 36.32 万人的饮水安全保障。环县农村供水工程建设情况见表 8-1。

表 8-1　　　　　　　　　　　　环县农村供水工程建设情况

水源	供水工程名称	投资额/亿元	工程数量
雨水	集雨场窖工程	3.25	水窖 835358 眼、集流场 62443 处
黄河水	扬黄供水工程	6.24	集中供水工程 45 处
地下水	机井供水工程	2.10	小型集中供水工程 48 处
地表水	沟道水集中供水工程	0.21	小型集中供水工程 8 处

第三节　其他的经验做法及措施

一、维修养护"专业化"

农村地区供水管线长、供水季节性差异大，加之早期供水设施建设标准低以及维修资金匮乏，导致农村供水设施维修成为影响农村供水保障率的重要因素[74]。为此，环县从制度保障、技术保障和资金保障等多个方面着手实现了维修养护的"专业化"。一是建立并完善了《环县农村供水工程维修养护基金管理办法》，明确了资金来源、使用方式和支出范围；二是选聘 348 名农村供排水服务人员负责全县所有集中供水工程的制水和供水运行管理及维修服务工作，组建 42 名专业维修队，负责重大故障的抢险任务，每个乡镇供水站设有 3～10 名维修技术人员，实行"专人包抓、分片负责"制，确保供水工程正常运行；三是投资 1100 万元新建城乡供排水自动化调度指挥中心，将扬黄供水工程及机井、沟道泵站供水工程以及城乡污水处理和中水利用全部纳入自动化调度管理，实行统一指挥调度和远程调度控制管理；四是从水费中按 10%～20%比例提取维修养护基金，县财政每年预算列支 200 万元，作为专项维修管护基金保障缺口，通过专款专用形式对维修养护工作进行全力保障。

二、水务管理"智能化"

县城内供水基本实现了智能化管理，为城市安全供水提供了重要保障，而农村供水智能化建设起步晚、规模小、重视程度不够，但随着农村供水规模的扩大、供水安全保障要求的提升和一体化步伐的加快，供水智能化建设发挥的作用越来越明显[75-76]。环县投资新建了供排水中央智慧调度系统，采用物联网与云计算技术，将传统水利与现代信息化技术进行深度融合，实现了水质情况的实时监控，水池水位、管网压力、流量的实时监测，异常预警、应急警报的及时处理，还能够实现远程运行状态的终端控制和操作，360°全景水厂展示、实时数据更新和画面传输，以及报表输出、历史记录查询和数据分析等功能，全面提高了供水的管理水平和服务水平。全县统一实行建卡到户、计量到户、收费到户、管理到户的管理方式。相比之前农村群众缴费意识差，收取水费费时费事，现已为农村地区全部免费安装 IC 卡智能水表，由上门收费变为自主缴费，极大方便了水费管理。

三、水质监测"一张网"

环县全面落实水质检测设备、人员、经费"三个到位"，实现源头与龙头的闭环检测，内部检测与监督检查结合，日常检测与抽样检测结合的"一张网"水质检测布局。设立了中心化验室和千人以上水厂水质检测室，有专职化验人员 20 名，配备便携式水质检测仪 10 余台。由自来水公司负责水质日常化验和内部检测，开展日检 11 项、周检 14 项、月检 31 项检测；在县疾控中心设立水质检验检测中心，定期开展针对场窖、小电井水水质的检测，确保农村分散式供水的水质安全；同时与兰州城市供水集团水质监测中心签订协议，对每次调引黄河水进行检验，全县水质检测指标、检测覆盖面均达到规定要求。

四、城乡供水"一个价"

农村饮水定价和水费收缴是农村供水保障的一个重要组成部分，决定了农村供水事业的可持续发展[77]。为此，环县建立了计量收费、水费补贴、控价供应"三项机制"，在各乡镇设立了收费大厅，全县农村用水户均安装 IC 卡智能水表，方便农村用水户按计量及时缴纳水费，如出现行政村水费收缴率低于85％时，乡镇分管领导将督促村委会和用水户及时交清水费。收缴水费实行专户使用、统一管理，主要用于饮水工程的运行、维修和养护。县财政每年预算列支 600 万元，对农村供水进行补贴，保障低价、同价稳定供水。供水实行成本核算，城乡居民用户统一执行 4.4 元/m^3 的供水价格。

第四节　建　议　及　展　望

一、分类施策，推进农村供水事业健康发展

立足环县地域面积大、沟壑纵横、群众居住分散、资源型和水质型缺水并存的实际现状，按照"集蓄天上水，提取地下水，淡化苦咸水，引用黄河水"的总体思路，继续推进建设以扬黄集中供水工程为主体，水窖、小电井和苦咸水淡化为辅助的供水保障体系。坚持"因地制宜、分类施策"的原则，群众居住集中且具备供水条件的，要依托扬黄集中供水工程外调水源继续扩展、建设

集中供水工程，管网铺设到村组、供水入户；不具备入户条件的，村组建集中供水点，提高干旱年份人饮和产业供水保障能力；居住分散，集中供水工程建设、管理运行难度大的，修建达标的分散集雨蓄水工程（水窖、蓄水池），正常年份保障人饮和产业用水，在极端干旱年份采取集中送水到村组、到户，确保人饮和产业发展。

二、加强宣传，转变农户用水观念和参与度

全面加强用水节水宣传工作，通过电视、广播、宣传手册以及微信公众号、抖音等多种媒介加大宣传力度，全面提高群众的"水商品意识"和饮水安全意识，明确水资源和水费交纳是国家政策和用水户义务，广泛宣传用水节水相关知识法规，引导广大群众改变窖水使用习惯，提升自来水的入户率和使用率。村民作为农村供水的直接受益者，应在村民委员会和村民小组的统一组织下，积极参与农村饮水安全工程管道设备的维护、饮用水源的保护工作，引导群众树立爱水护水、节约用水理念，营造"人人爱护设施、全民参与维护"的良好用水环境。

三、创新思路，保障供水工程的良性运行

一是发展产业，实现"以水养水"。依托地域特色优势，加大偏远地区政策扶持力度，大力吸引循环农业、中医中药、清洁能源等相关企业的入驻，依托企业用水反哺农民用水，提升供水保障率，以水养水，破解偏远山区用水难的症结。二是健全水价形成和水费收缴机制。完善水价相关测算方法、水价制定流程及定价制度，全面推行两部制水价计价方式，合理饮水定价，提高用水户节水意识，实现供水单位和农民"双赢"[78]。三是多渠道筹集资金。探索建立社会资本参与农村供水工程投资的体制机制，建立以公共财政投入和金融支持、农民投资投劳、社会资本参与为主要支撑的农村供水工程投资稳定增长机制[79]。通过水费提取、政府补贴、社会融资等多形式多渠道保障农村供水工程的可持续运行。

环县在农村供水工程水源选择建设、饮水安全工程提升改造、运营管理体系、供水安全保障等方面进行了有益的探索，取得了一定的成效，对农村供水管理方面具有良好的借鉴意义。

第九章

山东省潍坊市"4+1"建管模式

第一节 潍坊市供水工程现状

一、潍坊市总体概况

(一) 基本概况

潍坊市位于山东半岛西部,居半岛城市群中心位置,地跨东经 118°10′～120°01′,北纬 35°41′～37°26′,东与青岛、烟台两市连接、西邻淄博、东营两市,南连临沂、日照两市,北濒渤海莱州湾。地扼山东内陆腹地通往半岛地区的咽喉,胶济铁路横贯市境东西。直线距离西至省会济南 183km,西北至首都北京 410km,总面积 16167.23km²。

潍坊市辖奎文区、潍城区、寒亭区、坊子区,青州市、诸城市、寿光市、安丘市、高密市、昌邑市,昌乐县、临朐县等 4 区、6 市、2 县,另有高新技术产业开发区、滨海经济技术开发区、峡山生态经济开发区、综合保税区等 4 个市属开发区。全市共辖 62 个镇、56 个街道办事处。

(二) 自然地理情况

潍坊市域地貌自北向南,地势由低到高,呈台阶式分布。大体上分为低地、平原及低山丘陵 3 个地貌区及 18 个地貌类型。北临渤海莱州湾,南以淡咸水线为界,是由海相沉积物和河流冲积物叠次覆盖而成,地势低平,海拔在 7m 以下,面积 2631.91km²,约占全市总面积的 15%。近代以来,由于海浪及潮汐的动力作用,堆积了大片海相地层,形成微向海岸倾斜的海积平原和沼泽地。层状结构明显,含有大量有机质及生物贝壳。

潍坊市境内地层发育较齐全,太古界及元古界变质岩系组成东西两地块的结晶基底;古生界及中生界分别不整合于两侧古老结晶基底之上;新生界形成断陷盆地、山间盆地河湖相沉积和沿海滨海相沉积。辖区内地层属华北地层区。以沂沭断裂带的昌邑——大店断裂为界将山东分成鲁东、鲁西两个地层分区。两分区地层发育有很大的差异，沂沭断裂带内与鲁西相近，但也有差别。潍坊市位于鲁西地层分区的东北部，包括潍坊小区和泰安小区的东缘；鲁东地层分区西端，包括蓬莱、莱阳、胶南3个地层小区的西部。市辖区横跨鲁东、鲁西两个隆起区和沂沭断裂带3个结构不同的次级构造单元，形成了区内构造多样性及复杂性的格局。

（三）水文水资源情况

潍坊市域属北温带季风区，背陆面海，受欧亚大陆和太平洋的共同影响，大陆度在50％以上，是暖温带季风型半湿润大陆性气候。其气候特点为冬冷夏热，四季分明。春季风多雨少，早春冷暖无常，常有倒春寒出现，晚春回暖迅速；夏季炎热多雨，温高湿大；秋季天高气爽，晚秋多干旱；冬季干冷，寒风频吹。因受典型季风气候影响，四季的气温分布分明，年平均气温12.3℃。1月为全年气温最低的月份，全市平均气温为－3.3℃，7月份为气温最高的月份，全市平均气温为26.0℃。春季升温迅速，秋季降温幅度大。

潍坊市地表水系主要有6条，即潍河、弥河、白浪河、南胶莱河、北胶莱河及淄河，其他数百条河流及溪流均系上述主要河流的支流，过境河流只有小清河。由于受自然条件的限制，地表径流主要来自大气降水。潍坊市年径流量最大值为252.3mm，最小值为22.9mm，平均值为177.3mm，比全省平均172.2mm高出3％。在一年之内，汛期径流量为全年径流量的85％～90％。地理分布的特征也是由东南向西北逐渐减少，南部山丘区为332mm，滨海地区仅95mm，南北相差237mm，达2.5倍。地表径流总量多年平均30.67亿 m^3。

潍坊市境内自西向东有小清河、弥河、白浪河、潍河、北胶莱河5条主要河流，均流入渤海，总控制面积10509km^2，占潍坊市总面积的66.3％。

二、供水工程总体情况

潍坊水资源严重短缺，且时空分布不均，实施农村饮水安全工程条件差、难度大。2005年启动了村村通自来水工程，基本解决了农村居民吃水难问题，但由于供水工程规模小、建设标准低，加之监管和维修养护不到位，导致出现水量不足、用水不方便、供水保证率和水质达标率低等问题。2011年，潍坊市在全面普查基础上，决定在2012—2013年攻坚突破，全面解决农村饮水不安全问题。全市共投入资金22.32亿元，保障了城市建成区之外9325个村庄680万名农村居民的饮水安全，千吨万人以上农村规模化集中供水工程达到50处，规模化集中供水覆盖人口644万人，占农村总人口的94.7％。在无法实现规模化集中供水的698个山区村庄，建成联村集中供水工程32处、单村供水工程602处，全部安装了消毒或水处理设备，提前2年完成国家提出的农村饮水安全任务目标[80]。为巩固发展成果，应对连续特大干旱，2014年以来潍坊市又实施了农村饮水安全巩固提升工程，加大水源地建设力度，改造老旧管网，提高了水源保障能力。2017年，为提升全市农村饮水安全水质检测能力，组建了潍坊水利水质检测有限公司，该公司具备生活饮用水、水源水、地表水、地下水、农田灌溉水等9类521项CMA检测机构资质，承担潍坊市市级农村饮水安全工程水质抽检任务、水厂出厂水106项、地表水109项及地下水93项检测任务。2020年12月，潍坊市委、市政府投资26.5亿元的峡山水库战略水源地水质提升保护工程开工，必将大力改善水源水质，为潍坊和胶东地区人民提供更加优质安全的水源保障。多年来，潍坊市在全省率先实现农村饮水安全全覆盖、千吨万人以上规模化供水覆盖人口达到96％的基础上，农村供水水质达标率持续稳定在90％以上，居山东省第一位。

三、供水工程运营管理情况

潍坊市推行农村供水工程专业化管理。使用国有资金投资或者国家融资建设的供水工程，实行专业化公司管理，2020年年底前，基本完成县级农村供水公司成立工作。供水公司可依托城乡一体化供水企业成立，或依托区域性规模化供水企业分区域成立；单村供水及小型供水工程较多的县（市、区），可专门组建农村供水公司。农村供水公司负责本行政区域内农村公共供水工程的建设实施、运行管理、经营维护；按要求配合做好乡镇及以下饮用水水源地生态环境保护工作。鼓励县（市、区）内小型供水工程所有权人将供水工程委托给农村供水公司进行经营管理。潍坊市供水管理机构设置如图9-1所示。

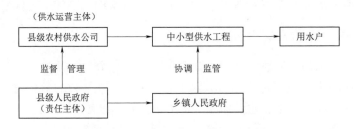

图9-1 潍坊市供水管理机构设置

（一）总体分工

水利部门负责农村饮水安全工程行业监管和业务指导。财政部门负责落实农村饮水安全工程维修养护补助、卫生监督和水质监测等经费，并加强资金监管。卫生健康部门负责农村集中式供水单位卫生监督，建立农村饮用水水质监测网络。生态环境部门负责牵头开展农村饮用水水源保护区（保护范围）划定，对农村水源环境保护工作予以指导和监督。价格主管部门负责农村供水水价核定。

供水管理单位是农村供水工程运行管理的责任主体，负责做好水源巡查、水质检测、供水设施维护等，向用户提供符合水质、水量要求的供水服务；建立信息公开制度，公开水质、水价等情况；建立投诉处理机制。

（二）机构及职责

1. 县级人民政府

统筹负责农村饮水安全的组织领导、制度保障，落实工程建设及运行管理主体和经费，明确农村饮水安全工程管理办法和部门管理职责分工，做好水源保护区清理整治工作。

2. 乡镇人民政府

配合做好农村饮水安全工程的组织协调和监管，协助供水管理单位做好辖区内供水设施维护等。

3. 农村供水公司

负责本行政区域内农村公共供水工程的建设实施、运行管理、经营维护；按要求配合做好乡镇及以下饮用水水源地生态环境保护工作。

（三）产权及责任划分

农村公共供水工程按照下列规定确定所有权：①由政府投资建设的供水工程，其所有权归国家所有；②由集体筹资筹劳为主、政府依法予以补助建设的供水工程，其所有权归集体所有；③由个人（企业）投资为主、政府依法予以补助，或者以股份制形式投资建设的供水工程，其所有权归投资者所有。农村公共供水工程可以按照所有权和经营权分离的原则，由所有权人确定经营模式和经营者（以下统称供水单位）。

县级以上人民政府水行政主管部门应当加强对本行政区域内供水单位的管理工作，应当对供水单位的供水设施、供水水质、安全措施等内容进行定期抽查，对抽查中发现的问题，提出整改意见，要求其限期整改。

水质化验、监测所需费用由本级人民政府承担，不得向供水单位收取。

（四）水价核定及水费收缴

农村公共供水按照补偿成本、合理收益、公平负担的原则制定供水价格，实行农村居民生活用水和其他用水分类计价。生活用水按照保本微利的原则核定，其他用水按照成本加合理利润的原则核定。政府补助和群众筹资筹劳部分不参与利润计算。

供水人口在10000人以上的供水工程，其供水水价实行政府定价，由供水单位编制供水水价方案，报县级人民政府价格主管部门会同水行政主管部门核准；供水人口不足 10000 人的联村供水工程，其供水水价可以实行政府定价或者政府指导价，具体办法由县级人民政府根据当地实际情况规定；单村供水工程的供水水价实行政府指导价，由供水用水双方在价格主管部门确定的浮动范围内协商确定。

跨县市区的供水工程，其供水水价由供水单位编制供水水价方案，由市价格行政主管部门会同水行政主管部门核准。

边远贫困山区的农村居民，供水单位应当在供水水价上给予一定优惠；供水水价低于成本的部分，由县级人民政府给予适当补助。

（五）规章制度

潍坊市根据省、市工作要求，结合实际，先后制定并实施《潍坊市农村公共供水管理办法》（潍政发〔2010〕31 号）、《潍坊市农村饮水安全村级工程巩固提升实施意见》（潍水供水字〔2017〕6 号）、《关于加强农村饮水安全工程长效管理机制建设的实施意见》（鲁水规字〔2019〕8 号）等农村饮水相关政策性文件，明确目标任务、落实工作职责，健全完善了农村饮水工程长效运行管理机制，推动了农村安全饮水。

第二节 "4＋1"建管模式特色及成效

一、模式特色

保障农村饮水安全是统筹城乡发展、全面建成小康社会的必然要求。历年来，潍坊市政府高度重视，大力实施以规模化集中供水为主要内容的农村饮水安全工程建设。早在 2013 年年底就全面解决了农村饮水不安全问题，农村规模化集中供水率达到 94.7%。在推进农村饮水安全工作中，积极探索构建了"规模化工程体系、公司化运营体系、便民化服务体系、规范化监管体系"为内容的"四个体系"和农村饮水安全管理信息系统为支撑的"4＋1"建管模式，一个供水规模大、行政监管严、运行机制活、管理服务好的农村饮水安全保障体系已初步建立起来[18]。

（1）规模化工程体系。建设规模化集中供水工程是提高供水保证率和水质达标率的根本措施。在南部山丘区，依托水库水源建设水厂，推行"一个流域一网、网间互通"模式；在中部平原区，依托库库串联、水系连通工程建设大水厂，推行"一县一网"模式；在北部沿海区，依托南水北调和胶东调水工程配套建设供水工程，调引长江水和黄河水解决水源不足问题；在城市近郊区，利用城市自来水供水管网向周边村庄延伸辐射。对已建成的规模较小的供水工程，进行扩建改造、整合联网；对地处偏远、不能实现规模化集中供水的山区村庄，采取单村、联村集中供水加装消毒设备，保障饮水安全。

（2）公司化运营体系。按照"产权清晰、权责明确、政企分开、管理科学"的要求建立供水公司，并按照现代企业制度实行专业化管理，鼓励大公司兼并小水厂，提高服务水平，增强竞争能力，在服务群众过程中实现企业的发展壮大。供水公司配齐专业技术人员、设备，特殊岗位人员持证上岗，按照国家生活饮用水卫生标准组织生产。对单村和小型联村工程，因地制宜确定了专业公司代管、供水协会管理等模式，实现专业化管理。2015—2018 年，潍坊市先后有 16 个农村公共供水水厂被评为省级农村供水规范化管理先进单位，占全省总数的 1/3。

（3）便民化服务体系。潍坊市在全省率先建立农村供水"116"服务热线，成立了 13 个县级"116"服务指挥中心、65 个专业维修队，公布了供水服务热线、监督电话和服务承诺，每个村都设立了村级水管员，建立起"市县镇村供水公司"的五级联动的服务架构。同时，通过张贴宣传画等形式，普及饮水卫生知识，转变农村居民传统用水观念。

（4）规范化监管体系。市、县均成立了农村饮水安全专管机构，恢复镇街水利站监管职能，村级设水管员，形成市县镇村四级农村饮水安全行政监管体系。出台了《水源地保护办法》，划定了水源地保护区，制定了农村供水应急预案，建立了应急备用水源、电源，建立完善市县水质检测中心和水厂水质化验室，建立了水质检测制度。

（5）建立完善农村饮水安全管理信息系统。根据农村供水监管需求和供水单位运行管理的需要，全市统一规划、统一标准、统一实施，累计投资6000 多万元，实现所有县市区及"十三五"整合后的 40 处规模化水厂信息化系统与市、县主管部门联网，实现了在线视频监控、实时数据在线监测、管网运行数据在线监测等功能，切实提高了行业监管效能和供水单位运行管理效率。

二、主要成效

目前，潍坊全市农村饮水安全实现全覆盖，受益人口 680 万人，建成千吨以上农村规模化集中供水工程 50 处，覆盖人口 644 万人。在无法实现规模化集中供水的 698 个山区村庄，建成联村集中供水工程 32 处、单村集中供水工程 602 处，全部安装消毒或水处理设备，构建以规模化工程体系、公司化运营体系、便民化服务体系、规范化监管体系等"四个体系"和农村饮水安全管理信息系统为支撑的"4＋1"建管模式，全面保障了农村供水工程的持续运行和农村居民的饮水安全[81]。

第三节 其他的经验做法及措施

一、科学制定规划，为工程实施奠定坚实基础

潍坊市在编制农村饮水安全工程规划时，坚持做到四个结合：一是把国家实施的农村饮水安全工程与实施村村通自来水工程结合起来，重点解决饮用高氟水、苦咸水、污染水的问题；二是把农村饮水安全工程与原有工程的改造结合起来，充分利用和整合现有资源，降低建设管理成本，提高供水保证率；三是将城市用水和农村饮水结合起来，以水源为依托，按照经济合理、技术可行、经营有效的原则，统一规划供水区域；四是把农村饮水安全工程与中小型水利工程产权制度改革结合起来，按照市场化运作的思路，建设、管理、运营供水工程。由于规划科学合理，保证了农村饮水安全工作的顺利实施[82]。

二、实行规模供水，建设高标准精品工程

潍坊市从实际出发，实行分类解决，打破行政区划界限，大力发展跨区域规模化集中供水。在山丘区和山前平原区，以水库或较丰富的地下水资源为依托，发展集中供水工程，实现"一个流域一个供水网络"。在城市近郊和城镇驻地周围地区，以城市自来水供水管网向周边村庄辐射，扩大工程供水规模。目前，全市共建成万人以上供水工程 90 多处。如寒亭区利用峡山水库水源建成的供水中心实现了全区一网供水；高密市 2006 年建设了北部六镇自来水工程，解决了高密北部 20.2 万高氟区群众饮水问题；2007 年又通过调引峡山水库水规划建设了西部、南部八镇 34 万人的集中供水工程；诸城市建成的龙光山水集中供水工程，是由诸城市供电公司与市水利局依托城区后备水源地青墩水库联合兴建的集中供水工程，受益人口达 30 多万人；安丘市以尚庄水库为水源建设的 50 万人集中供水工程，目前已实际供水达 25 万多人。这些规模化集中供水不仅降低了工程建设和管理成本，加快了工程建设进度，而且有利于保障供水水质安全，推进市场化运作和企业化经营，有利于工程发挥长期效益。

三、拓宽筹资渠道，形成多元化投资机制

资金是项目实施的前提和保证。该市在用好上级资金扶持，加大地方财政投入力度的同时，通过完善项目民主管理制度，推行用水户全过程参与的工作机制，调动受益群众投资投劳积极性，组织发动农民筹资筹劳建设自来水工程。同时，通过制定优惠政策，放宽农村供水市场准入条件，积极鼓励和吸引

个体大户、民营企业、企事业单位等各种力量投资农村供水事业，逐步建立起了以政府投资为导向、农民投入为基础、其他各方积极参与的多元化投融资格局。诸城市电力公司投资 4000 多万元，与诸城市水利局联合建成了诸城市龙光山水股份有限公司，成为潍坊市第一个供水规模过 30 万人口的集中供水工程。高密市通过世行贷款 7000 万元，建设了西部南部八镇 34 万人饮用安全水工程，总投资 1.1 亿元。安丘市以尚庄水库为水源，通过银行贷款 9000 万元，规划建设了包括 7 乡（镇）和城区受益人口 50 万人集中供水工程。

四、积极采用新技术、新工艺、新手段

农村供水工程要尽量采用新的水质处理技术、新的设备集成技术、恒压变频控制技术、自动化监测技术、管网优化技术、新的设计理念、新材料和设备等，积极借助于现代新的信息化手段，利用计算机和网络技术，对供水实行全信息化采集，并将有关信息用于供水调控，全面提升供水工程的管理水平。2020 年，潍坊市投资 1500 万元升级的农村饮水安全信息系统投入运行，累计总投入已达 7500 万元，建立起"市县水利部门＋供水单位"的智慧云水利信息化系统，实现了行业监管、企业运维、智能监控、远传收费、在线监测、舆情处理、供水服务等全方位信息化。

五、坚持建管并重

潍坊市农村饮水安全工程，建好是基础，管好是关键，用好是目的。在工程实施过程中，坚持把水源选择放在工作的首位来抓，工程实施前由水质监测部门进行水质化验，对水源不合格且无水质处理措施的不准开工建设，水质不达标的不得通水。对管材、机泵等主要设备材料实行公开招标采购；对集中联片供水工程实行项目法人责任制、工程招标投标制、工程监理制，保证了工程建设的质量。同时着眼于工程长期发挥效益、农民长期得到实惠，在运营管理机制创新上下功夫。规模供水工程推行"实体负责，自主经营，水价控制，以水养水"模式；单村供水工程推行供水协会管理模式；城市管网延伸供水工程由原工程管理单位进行管理；个人或企业投资建设的工程按照"谁投资、谁建设、谁管理、谁获利"的原则，由业主自主经营管理。

六、提升人员技能

在山东省率先探索建立了"培训、观摩、比赛"一体化技能人员素质培训提升体系，连续 7 年对潍坊市 645 人次进行专业培训，做到主要岗位培训全覆盖。潍坊市水利局自 2014 年开始已连续六年与市人社局、市总工会联合举办农村公共供水技能大赛，形成了"以赛促学、以赛促练、以赛强技，共同进

步"的技能比赛模式,构建了具有潍坊特色的农村公共供水技能比赛框架。目前,潍坊市农村公共供水技能比赛设水质检测工比赛和净水工比赛两个工种比赛项目,两个项目在同一时间举行,每个工种比赛均设理论知识和实验操作两项内容。通过开展技能比赛,提高了技能人员的学习能力、动手能力、团队协作能力、分析问题和解决问题的能力。在 2017 年、2018 年山东省"技能兴鲁"职业技能大赛——全省水利行业职业技能竞赛中,潍坊市推选的参赛队员 1 人获山东省技术能手称号,3 人获山东省水利技术能手称号。6 年来通过技能比赛,1 人获潍坊市"富民兴潍"劳动奖章,先后有 21 名技术人员获得潍坊市市级技术能手称号。

第四节　建 议 及 展 望

一、毫不动摇推进农村供水工程县级统管

一是推进农村供水公司标准化管理。使用国有资金投资或者国家融资建设的供水工程,按照"产权清晰、权责明确、政企分开、管理科学"的要求建立农村供水公司,通过现代企业制度进行专业化管理。市级政府或主管部门出台农村供水公司企业标准化管理指南,通过标准化管理提高县级供水公司的管控能力。二是提升供水公司服务人口比例。继续实行以政府或国有投资为主的工程改造补助政策,集中力量实施一批联村并网改造、供水管网延伸项目,扩大工程供水规模和覆盖人口,降低供水成本,提高工程抵御自然灾害风险能力和供水保障率。鼓励以乡镇为单元,采用产权管理权划转、政府购买服务、租赁承包等方式,将单村联村等中小型供水工程交由县级供水公司实行统一管理、专业化管理。三是加强供水管理单位能力建设。按照"三定"方案,进一步赋予水利部门对农村供水监管相应职能,明确县级供水公司由国资部门管理公司资产,业务指导由水利部门负责。同时强化队伍建设和能力建设,注重引进人才和培训人才,提升专业化管理能力和服务水平。四是完善执法体制机制。鉴于机构改革后大部分县级水利部门行政执法行政强制划转综合行政执法机构,应尽快完善水行政执法体制机制,建立县级水行政主管部门和综合执法机构协调配合机制,为依法惩处破坏农村公共供水设施行为提供支撑[83]。

二、全面推广用水单位用水户合同管理

一是通过用水合同明确村内工程管护责任主体。指导县乡政府组织供水单位和受益村委会签订用水管理合同或供水设施保护协议,明确供水设施保护责任主体、保护范围及职责。进村管网以上供水设施保护责任主体为供水单位,

村级管网及附属设施保护责任主体为受益村委会,入户设施保护责任主体为用水户。二是通过用水合同建立完善水价水费计收机制。配套完善计量设施,加大村内户表改造力度,加强信息化建设,新建工程推广一户一表、智能水表、远程抄表,实行基本水价与计量水价相结合的两部制水价等水费收缴模式。全面落实供水单位和用水户合同管理,明确双方责任义务,用水单位和个人不缴纳水费按合同停水。三是建立完善财政资金补助机制。对水资源禀赋差、远距离引调水、高扬程输配水等水费收入不能覆盖供水成本的"特殊工程",建立财政补助机制,将供水工程运行管护经费列入财政预算,给予足额财政补贴,确保兜底,促进农村供水服务均等化,保障基本用水需求。

三、科学编制实施全省农村供水"十四五"规划

一是根据不同发展阶段科学划定供水分区。将全省农村供水分为达标提质攻坚区、规模供水提升区及城乡一体巩固区。其中达标提质攻坚区包含烟台、泰安等市,主要提升供水工程标准;规模供水提升区包含临沂等革命老区,主要改造提升规模化供水工程;城乡一体巩固区包含菏泽在内的中原经济区,主要任务是水厂工艺升级和村内工程改造。二是以城乡供水一体化为目标分阶段推进实施。按照初、中、高的层次分三个阶段实施:初级发展阶段推进区域供水规模化,提高规模化工程覆盖比例;中级发展阶段实现城乡供水一体化,实现一县几网、网网互通;高级发展阶段实现农村供水城市化,城乡供水实现同源、同网、同质、同服务、同监管。三是多渠道保障规划资金需求。山东省"十四五"规划农村供水工程匡算投资 200 余亿元,引导通过专项债券、银行贷款、社会融资等方式解决大部分资金需求。同时,建议省级资金按地方投资给予一定比例奖补,保障规划项目落地见效。

四、完善农村供水水质检测机制

建立健全卫健部门饮用水水质检测、生态环境部门水源水质监测、水利部门农村供水水质抽检巡检、万人水厂水质化验室日常检测的水质检测监测体系,加强信息共享与管理合作,配备完善净化消毒设施设备并规范运行管理,进一步提升水质达标率。

第十章

其他管理模式

第一节 "物业化管护"模式及实证分析

　　针对村镇饮用水管护过程中反映出来的普遍存在的村镇饮用水工程维护问题，如维修管护滞后，管护人员不足；供水服务站维护物资储备不足，无法应对突然出现的爆管、管网损坏等饮用水安全突发事件；无人管护入户管道，村民供水保障性较低等，当地政府出资委托专业化公司进行管护，通过维修养护服务市场化，极大程度上解决了村镇供水过程中出现的维修养护问题。在实地调研过程中，"物业化管护"模式普遍集中在华东片区推行，运作较好的有江西省永修县的结合村镇供水特色的物业化管护和浙江省金华市的婺城区实行的单村"物业化管护"模式。

　　"物业化管护"模式是由政府出资到市场购买服务，由物业化公司负责维护管理。该模式面向市场，采取竞标形式来选择优秀的维修养护企业[84]，由维修养护公司负责承包供水维护工作。通过签署委托合约或协议，制定一定的管理标准和规章制度，采用现代化经营方式和先进维修养护技术，实施管理和维护，保持工程最好的运行状态，确保应有效益的正常发挥。通过采取物业化管护模式来解决乡镇地区经济基础较差等因素而导致的无法吸引维修养护技术人才到基层就业、管养力量薄弱等问题。

　　华东片区江西省永修县县域与八县交界，地势西高东低，呈阶梯式分布。全县供水设施建设时间差次不齐，全县供水工程的管网老化程度有所不同。供水工程较为分散，村镇缺乏维护技术人员，给维修管护带来了巨大的问题。永修县村镇供水运维工作以政府购买服务的方式委托省水务集团永修润泉进行，服务内容主要涉及水源地保护、疏通维护管道、净化消毒设备更新及日常清洗维护、清水池的清洁、水质检测工作和日常的巡查。永修县水利局与省水务集团永修润泉签署《永修县农村供水工程物业化管理"三全"服务协议》[85]，采取村镇供水工程物业化管护的服务模式。永修润泉结合永修村镇供水特色，对永修村镇供水基础设施、供水工程等情况展开摸底调查，根据不同地域因地制宜制订村镇供水工程物业化管理服务内容清单。制定与之相对应的物业化管护策略，精细实现物业化管理服务，保障供水区域服务全覆盖。

　　浙江省金华市的婺城区地处浙江省的中部，是浙江省及中国的重要交通枢纽地区。婺城区下辖9个街道、9个乡、9个镇，实行城乡一体化供水管理，但因地势和技术原因有9个乡镇132个村暂时无法接入城市供水管网，仍然沿用单村供水管护模式[86]。但该模式普遍存在管理分散、自动化程度低、运维难度高等问题。为保障单村供水，加强单村供水的专业化水平，婺城区实行单村物业化管护模式，开展单村供水物业化管理服务。运维工作以政府购买服务的形式委托第三方金西自来水有限公司开展，服务范围涉及9个乡，受益人口可达5.78万人。婺城区将已完成改造的单村水站验收后移交给金西自来水公司进行物业化的管理，实现全区农村饮用水专业管理全覆盖。遵循"专业人做专业事"的原则，形成集中、统一、专业的运行维护机制，解决单村供水管护不足的历史遗留问题。

第二节　"网格化"管理模式及实证分析

　　现存的政府直接管理模式在很大程度上由于缺少基层供水管理情况调研以及对基层的供水情况的协调沟通，会导致基层饮用水管护不足。加之由于村镇基层受制于较为偏远的地理位置，落后的经济发展水平，导致基层专业管理人才的缺乏，出现村镇饮用水管护无人、管理落后、供水设施老旧、维修养护不足、水质无法保障等现象，对村民饮水安全造成隐患。在实际调研过程中，发现海原县的"网格化"管理模式很好地解决了基层饮用水治理问题，打破地域区划限制，按供水管网划分管理范围，采用网格员模式实现基层管水分工清楚、职责明确。

　　"网格化"管理模式作为一种基层社会化管护模式[87]，该模式建立的第一步是设立网格化综合服务信息管理平台，第二步是将所在的地域面积，依据一定的方法将其分成许多小"网格"，每个"网格"有专门的网格员进行管理。通过在地理空间内划分网格，实行多元化共同治理。"网格化"管理模式打破行政区域管理，打造一张网全覆盖格局，网格管理员全权管理，实现全方位式保障基层管理。网格员积极上传网格内供水管护相关信息，随时随地搜集民意，起着消除各层级之间的信息误差的作用。"网格化"管理模式是以社会化参与治理为基础，以用水户需求为核心的基层管理模式[88]。

　　海原县作为宁夏回族自治区中卫市的管辖县，位于宁夏回族自治区中南方向，地处黄土高原西北方向。村镇饮水管理中实行网格化管理模式，组建"大网格"和"小网格"相结合的管理体系[89]，运用网格化打破地域界限，实现管护服务精细化。一是全网格内管理实现智能化，人饮设施上安装全自动化监测设备，保障村镇饮水从水源供给用户用水的全过程自主监测流程，建立村镇人饮从源头到龙头的全自动化信息运行管控体系。二是对全县供水区域按供水管理站管理辐射范围分区，建设饮水工程"大网格化"管理体系，由水管站负责管理网格内跨乡镇的供水设施的运行管理和维修养护，由总供水公司按照各乡镇用水总计量向各乡镇供水服务站收缴水费。对管护人员全部定岗定责，实行职责分工明确的网格化管理，主要管理重要连通工程的 9 座供水泵站 11 条干管、20 座机井和各类水源总调蓄水池共 85 座。三是组建"小网格"责任体系，由乡镇供水服务站具体负责所在乡镇区域内的总表以上所有村镇人饮工程的运行管护、水费收缴和维修养护，按照乡镇总水表计量向片区供水管理站定时上交水费，实现小网格内管理明晰。对全县小网格内的 17 个乡（镇）镇供水服务站实行乡镇站长负责制，对乡镇供水服务站的 85 名水管员的具体责任进行安排，开展入村入户的供水管护工作。大小网格紧密相连，责任划分清楚详尽。向社会公开招聘专职网格员，建立网格员责任体系，科学配备了 150 名网格员，负责供水管理抄表、管护和维修。建立村镇网格化管理绩效考核办法，改进考核方式，突出考核重点，强化结果运用，严格落实村镇网格化管理每季度绩效考核和公示制度，将考核结果纳入全年的综治法治考核成绩，与全年的工作成绩挂钩，年底兑现奖罚。

第三节　"0＋X"阶梯式水价模式及实证分析

黄陵县各镇办部分单一村集中式供水工程，因运行管理不到位不同程度存在水量不足、季节性缺水等问题，川道村组尤为突出。针对这个问题，黄陵县水务局以桥山街道办龙首行政村龙首自然村为试点，加强用水管理，实行"0＋X"模式的阶梯式水费收缴模式，杜绝了用水浪费现象，有效解决了季节性缺水问题，形成了一套切合实际、适宜推广的供水管理模式。

黄陵县龙首自然村有农户 178 户 673 人，其中建档立卡贫困人口 33 户 93人。水量不足、季节性缺水是长期困扰当地群众的突出问题，街道办和村委会曾想了不少办法、采取了不少措施，但效果均不明显，问题一直没有得到解决。针对这个情况，黄陵县水务部门会同街道办对龙首自然村供水情况进行了细致的走访调研，发现该村为典型的川道村，现有供水工程建于 20 世纪 70 年代，属自流引水工程，供水水源为山泉水，经汇流收集入池后，通过管道输送，重力自流供给用户。工程建成后，因自流供水运行成本低，为减轻群众经济负担，村民用水不收取任何费用一直吃的是"大锅水""福利水"。工程运行过程中，部分村民节水、惜水意识淡薄，出现用饮用水浇地、用水无节制，甚至龙头水长流现象，导致居住位置偏低、离蓄水池近的家户有水吃，而居住位置较高、离蓄水池较远的群众经常出现间歇性停水或季节性缺水，为此，群众意见很大、反响强烈。

为有效解决村民无序用水、浪费严重导致的供水量不足、季节性缺水问题，2018年黄陵县水务局为该村所有农户安装了卡式水表，并指导村委成立了供水管理协会，由供水管理协会牵头结合村情实际和群众意愿，组织群众反复5次开会商讨，制定了"0＋X"模式的水费收缴模式，"0"即规定内用水零收费，"X"即超出规定部分[90]，由村委会采取一事一议进行定价收费，这种管理模式不仅增强了群众的节水意识，还有效解决了群众生产与生活争水导致水量不足和季节性缺水等问题。具体水费收缴模式为：按照本村常住人口，每人每月免费供给$1m^3$水，遇婚丧嫁娶事宜再免费供给$1m^3$水；每人每月超出$1m^3$部分按照不同地区的$3\sim5$元$/m^3$的水价收取水费。村组落实了专职水管员，每月工资200元，负责定期查抄水表、收取超额水费，定期检查水源、管道使用情况，确保供水设施正常运行。村组建立了日常运行管护台账、水费收缴台账，每半年对相关账务信息进行公示。夯实管护责任，推行阶梯水价近两年时间，已累计收缴水费6100元。

龙首村"0＋X"阶梯式水价推行两年来，一是实现了吃水有人管；二是彻底解决了"低处住户长流水、高处住户无水吃"的现象；三是通过收缴水费提高了群众节约用水的意识；四是群众定期充值水卡，集体意识进一步增强。群众对"0＋X"模式的支持率和满意度极高。

目前，黄陵县大力推广龙首村水费收缴试行阶梯式水价的管理模式，有效解决了群众生产与生活争水导致水量不足和季节性缺水问题，同时提高了群众节约用水、珍惜水资源的意识，群众满意度极高，初步形成了"以水养水"的良性运行机制，为解决水量不足、季节性缺水等类似问题提供了试点经验。

第十一章

农村饮水安全工程长效运行管理建议

村镇饮水管理长效机制主要由管理体制和运行机制这两大体系组建而成。管理体制从政府宏观层面规定了各管理部门的管理范畴、权责职能、责任落实以及各部门彼此间的联系，通过采取一定的制度形式将其联结成一个合理且完整的体系，并采取一定的监管手段实现管理的任务。管理体制主要包含三大要素，即管理部门、管理制度、监督体系。从三大要素出发，对部门协作、权责分配、国家层面、地方层面、政府监管、社会监督六个方面展开探讨。村镇饮用水管理运行机制是指微观层面的水务系统具体管理，首先要解决"谁主管、怎么运行、怎么维护、怎么保障服务、怎么监管"这些关键性问题，因此村镇水务运行机制需要考虑运管机构设置、管理人员设置和人员培训及考核、运营经费的获取、供水系统的运维保障、用户的服务和补贴，以及水务系统信息化检测平台的建立等，通过构造彼此间的联系，彼此间互相影响，共同发挥作用。运行机制主要包含六大要素，即运管模式、管护队伍、运行经费、运行维护、用户服务、智慧水务等。从这六大要素出发，细分为15个方面，即政府主导、市场运作、社会参与、队伍建设、人员培训、考核机制、水价制定、水费收缴、财政补贴、维修养护、应急机制、服务保障、优惠政策、信息平台、智能监测。对上述要素展开探讨，构建村镇供水长效管理机制。

第一节 管理体制建议

一、构建政府职能定位清晰的管理体制

村镇供水管理具有一定的公益性属性，政府在村镇供水管理中发挥主体职能。政府在供水管理时为解决政府职能的缺位和错位，将其内部各职能结构进行优化，各部门责任分配明晰，形成"三有"，即有制度、有规定、有考评，以此来提高政府管理效率。为适应社会协同治理改革，政府应积极改变之前由

政府统建统管模式，清晰定位政府职能，明确相应职责和权益。政府在水务系统中行使重要的监管和调控职能。政府将经营权转交给企业经营，负责监管各种所有制企业运行情况，涉及供水运行的水价制定、水费收缴、水质监测、社会服务等多个方面。政府将制定适宜的监管办法，以签订合同的形式将具体运行和管护转交给专业化公司经营。

二、构建多主体协同参与的管理体制

水务管理体系由政府的水务管理部门，参与供水工程建设、运营的单位和其他公司组成的系统运营者，村镇饮用水使用者以及银行、信贷等金融机构，用水户协会和服务机构等社会组织组成。构建村镇饮用水长效机制需要明晰各主体之间的关系，明确参与方的行为动机，建立有效的管理机制，保障农村饮水系统的良性运行。

水行政主管部门和多个政府管理部门负责监督管理、保障资金落实、卫生监督和水质检测。村镇饮用水系统的运营者是饮用水的生产者和销售者，既是政府的监管对象，又向用水户提供饮用水和服务。村镇居民作为直接受益者，应当在享受权益的同时履行责任。村镇居民为供水付费，但不应将管护的重担全部交给政府，也应介入供水管护当中。政府通过宣传教育逐渐改正用水户错误的用水观念，积极引导用水户形成正确的用水习惯。非营利组织机构参与村镇供水管理，对村镇供水管理起到助推作用。发挥政府主体职能、市场运营服务职能和社会参与管理职能，完善制度保障，构建社会协同治理新格局，形成多元主体之间协同互动，合作共治，彼此实现资源互换来达成合作共赢的高效管理局面。图 11-1 为政府水管部门、运营者、用水户和其他社会组织、银行等之间的关系图。

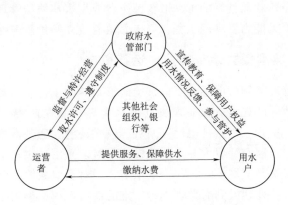

图 11-1 村镇供水管理各主体间的关系

三、构建政府监管、社会监督的管理体制

政府监管主要包括工程经营方式监管、运行管理监管、饮水水质监管、水价监管、资金监管、财务监管、服务监管等方面[91]。政府发挥监管作用首先应当建立强有力的监管机构，明确监管职责包括经营主体责任落实、供水保障情况、水量、水质、水价、维护服务等多个方面。政府可实行县、乡、村三级饮水问题反映和处理机制，监管各级供水管理情况，保障监管责任落实。畅通多种社会监督渠道，通过向媒体、网站信息公示、向群众发放明白卡等，积极发挥群众监督作用。通过政府逐级监管和社会监督两方面相结合，由上至下和由下至上监管，保障村镇供水管理各项工作有序进行。

第二节 运行机制建议

一、构建因地制宜分类管理的运行机制

我国地域差异性显著，各个地区地势地貌、水资源量、饮水习惯、居住分散程度、地域经济条件不尽相同，这也就决定着工程管网布局形式不同，所采取的管理模式和经营方式也不相同。因此，构建村镇饮水管理长效机制需要因地制宜考虑该地的供水条件并结合村镇供水未来发展要求。打破行政区划，对能实现规模化供水地区实行规模化供水，逐渐延伸管网覆盖周边村镇，将部分小型村镇供水工程实行合并，选取取水最优点建造供水工程。前期规划一步到位，后期分类逐步开展建设，实现村镇供水覆盖。规模化供水工程可采取PPP管护模式，提高管护效率，保障供水安全和服务。乡镇或村聚集点根据实际情况对于经营状况良好的可采取乡镇企业或用水户协会管理。对于偏远地区常年运作亏损无能力管理的工程，可依靠政府成立管护服务站点实行管护。

二、构建典型模式示范推广的运行机制

村镇供水管理机制的改革需要以试验的形式对改革机制前景进行一定的评估，通过部分地区的先行先试，发掘此供水管理机制在此类地区适用的可行性。本书研究分析张家川县"规模化发展"模式特色，通过借鉴该模式的依托地势和水源，因地制宜，以大并小的建设工程对未来山区供水工程建设有着指导意义；借鉴清丰县"城乡一体化"供水模式，对类似城镇管网延伸的城乡一体化供水工程从前期建设到后期管理有一定的借鉴作用；彭阳县"互联网＋人饮"模式通过利用信息化平台实行村镇供水管理智能化和高效化；安康市"量化赋权"模式通过确权、量权、赋权、活权来实现村镇供水工程的权属明晰和

责任明确，解决了管护主体不明、责任不清的问题，对日后村镇供水工程权属划分和高效管理起到指导作用；上虞区"数字化管理"模式通过建立"数据集成、业务协同、在线监管、掌上服务"的城乡清洁供水数字化管理系统，实现水源、水质、水量实时监测、在线监控，切实保障供水安全，积极打造"无人值守""少人值守"农村供水工程，数字化管理发展为未来城乡供水管理发展提供借鉴；环县"多水源保障"模式通过因地制宜、分类施策地采取"集蓄天上水、提取地下水、淡化苦咸水、引用黄河水"四水齐用方法解决丘陵沟壑区地势复杂、多类型缺水并存的问题，对类似缺水山区的村镇供水管理起到借鉴作用；潍坊市"4＋1"建管模式通过"规模化工程体系、公司化运营体系、便民化服务体系、规范化监管体系"的"四个体系"和农村饮水安全管理信息系统为支撑的"4＋1"建管模式，实现村镇供水从建设到运营服务到监管的全方位管理，对于村镇地区供水管理具有一定的启示作用。

政府可先投资典型县域展开供水管理试点工作，例如实行市场化模式运作或量化赋权改革等。若供水体系正常运作且形成一定的良性循环，政府可将该模式作为示范应用于其他情况相似的地区。其他地区可组织相关管理人员进行学习，通过典型示范效应宣传带动其他地区效仿该地实行村镇供水管理模式，实现地区村镇供水管理共同进步。

三、构建多渠道经费补偿运行机制

1. 产业扶持和政策支持

通过"以副养水＋依托地域特色优势"的原则，结合地域资源优势大力发展副业来补给村镇饮用水事业[92]，实现村镇饮用水资金补给新渠道。通过当地饮用水工厂产业升级打造特色水源品牌，既能净水、供水，又能实现瓶装售水，实现从生产到供给用水户再到销售瓶装水的管理流程。结合地域水源特色打造产品化水，扩宽销售渠道，实现运营资金保障。政府应加大偏远地域的扶持力度，吸引节水滴灌蔬菜大棚种植产业、中药材规模化种植的中药产业和水力发电清洁能源产业等相关产业发展。企业用水收入来补偿农户用水，实现"以水养水"解决偏远贫困区域用水难的问题。为吸引企业或组织等社会资本参与投入村镇饮水事业，应制定完善的社会资本进入和退出机制，通过相关政策或政府给予一定的补贴来确保社会资本得到合理回报及收益，保障其利益不受损害。

2. 科学饮水定价和水费收缴机制

科学饮水定价和水费收缴机制是工程良性运行的前提。水价制定的基本标准是满足工程运行费、维修费和折旧费实现成本水价[93]。完善水价相关测算方法、水价制定流程及定价制度，全面推行两部制水价计价方式和阶梯式计价方式，通过合理制定水价，提高用水户节水意识，保障工程正常运作，实现运营单位和农户的双赢。实行用水户参与定价原则，消除供水机构和用水户之间的信息不对称，制定出方便可行、用水户满意度高的水价。制定水价时应征求用户服务组织和用户意见，取得用水户支持。政府、运营机构、用水户协会组织三方协商讨论合理调整水价。举办听证会，并确保听证会有一定比例的新闻媒体工作者和农民用水户代表，依法保障广大用水户对水价的知情权和参与权。实行有偿供水、计量收费的供水办法，采取"先付再缴"的预付费方式，就近设置水费缴纳服务点，实行随用随充的 IC 卡充值，手机微信公众号或支付宝生活缴费等多种智能化水费收缴方式[94]。

3. 多渠道筹集资金

构建政府财务投入、社会筹集资本、农民投资投劳等多种村镇饮用水投资渠道。以县级政府为主体，政府招商引资，向资本市场融资，盘活资产兑现资金，充分利用国家发放的农村人饮专项建设基金，抵押补充贷款、向金融机构贷款、PPP 融资等途径，积极引入社会资本。以与村镇和企业合营、托管，村镇扶贫项目等多种方式，鼓励金融和社会资本积极参与村镇供水管理。

四、构建多重保障的运行机制

1. 专业人才保障

健全乡镇供水专业人才队伍的设置保障村镇供水工程效益的正常发挥。政府可通过人才引进和设岗定编等福利性政策，吸引专业化供水人才，增强基层供水管护力量。聘请具有一定资质和经验的教授或高级工程师来授课培训和实践指导操作，提升管护人员的专业技术水平。加强村镇供水管护人才对于供水工程管护专业知识和技能的培训。详细了解当地管护情况，根据村镇供水管护实际内容，以短期培训和长期培训相结合的方式[95]，合理定制管护人才培训周期，短期培训简单维修养护操作，长期培训供水工程系统运作和水质检测等需要系统学习的内容。依据各地区供水实际情况、出现的供水问题和所需维护方法，编制适合该乡镇地区特色的村镇供水培训手册。建立多种形式的综合考核机制，实行动态人才管理制度，建设专业人才团队来保障村镇供水。

2. 物业化管护保障

政府通过出资委托物业公司为村镇供水提供专业的物业化管护服务，将村镇供水管理与维修养护分离，运用第三方机构市场运作，实现基层供水维护保障。实行物业管护的前提是提供充足的物业化管护所需资金。通过营利性服务来带动村镇饮水公益性服务，政府可将保洁类服务与供水服务一起移交公司管护，保洁类服务提供资金来补助供水维护服务运行[96]。同时，政府应提供充足的财政资金专项用于村镇供水物业化管护。建立物业公司考核机制，提高物业公司参与村镇供水管护准入限制，通过严格竞争，选取综合考评较优的物业化管护公司。物业化管护公司应当开展所负责辖区的供水工程管护情况调研，依据不同地域制订村镇供水工程物业化管理服务内容清单。制定与之相对应的物业化管护策略，精细实现物业化管理服务。物业化管护公司应定期培训管护人员，提升对供水管理难题的解决效率。

3. 用水户服务保障

为保障用户供水服务，应当完善村镇供水应急抢修预案，并在各乡镇供水点建成饮水工程维修物资库房，设立农村饮水服务室。与村镇居民签署供水入户管护合约，并印发村镇用水宣传单、发放用水明白卡[97]。畅通省市县供水监督电话、微信公众号，方便用水户及时反映供水问题。采取"五定一挂"用水管护制度，通过定工程设施管护、定服务片区维护、定水费收缴任务、定参保农户补助、定群众满意度评定与服务人员挂钩工资报酬来保障用户服务，不断提升供水服务水平。

为保障村镇饮水正常运行，实行村镇饮用水状况全覆盖排查，不漏一村一户，发挥好乡镇、村组干部和管水员作用，应健全村镇供水问题快速发现和响应机制，并将村镇供水问题及处置情况作为最严格的管理考核评分依据。政府应当制定县级和千吨万人供水工程应急供水预案，储备好所需，健全供水抢修队伍，加强应急演练，逐县逐处落实。

五、构建绩效评价考核的运行机制

构建绩效评价体系的前提是健全完善村镇供水管理绩效考核办法，改进考核方式，制定定量和定性考核指标。明确各级各方面供水工程管理主体的职责，制定详细的评价体系，将评价结果纳入全年目标考核成绩，年底兑现奖惩。将绩效与管护主体的薪酬相联系，在保障全员最低薪酬的基础上，实行薪酬绩效制，即建立多劳多得、少劳少得的薪资制度，充分调动管理人员的热情。与此同时，对村镇管理每季度绩效考核情况进行公示，确保社会的知情权，实行全社会参与供水管理监督。

六、构建科技创新助推的运行机制

1. 水务系统信息化

水利部在 2022 年工作要点中提出持续推进水务"安全监管＋信息化"，持续完善和拓展水务监管信息系统各项功能，做好用户管理和基层水务信息上报等工作。构建一套完整基层供水信息平台，改变原有的村镇供水管理模式，通过物联网、云计算等实现传统村镇供水管理的信息化技术管理变革，很大程度地提升村镇供水管理水平[98]。

实现智能化水务"四个一",即一张网络,省市县乡村供水信息互通;一个中心,搭建供水资源共享平台;一套体系,统一标准规范;一套机制,运行维护高效。通过水厂全景监控,实现水厂各设施运作的远程控制、定时数据更新和画面传输[99]。通过卫星平台远程对各厂站、机井、管网整体运行情况实时监控,实现终端控制操作。对异常预警实时警报,及时处理,应急抢修。同时针对村镇供水维护中难题,购买云专家服务,联系专家团队实现远程制定解决办法。供水信息实时上传平台,实现报表输出、历史记录查询以及数据分析等[100]。客户终端实时显示用水户用水量及水费余额,水费收缴情况和水费缴纳信息公开透明,实现手机客户端便捷缴费服务。办事处热线全天畅通,便于群众信息沟通。

将信息技术作为辅助手段,建立管护信息台账制度,实现水务管护专业化。通过水务监管平台、智能水厂和管网检测平台、用户服务平台、政务信息平台等,实现分散、局域性的监控,促进管理问题的及时解决,建立统一、协调、高效的水务体系。

2."科技下乡"助农户

在科技助农的大背景下,实现数字化供水技术应用,利用互联网技术建立供水数据信息平台。建成无人值守水站,实现远程监控水厂运行,精准投加药量,准确监测管网压力,提早预警供水管道压力,避免严重的供水事故出现。通过信息化平台建立来实现各乡镇农户供水信息公开化,对农户用水量、缴费情况等如实上传[101]。同时便于及时解决农户通过手机客户端反映存在的管道老化失修、停水时间久等供水问题。智能化水费收缴系统建立实现农户不出户快捷缴费,大大提高了水费收缴率。对于出现的农户用水纠纷,缴纳水费困难等问题,通过建立乡镇管理干部与群众心连心信息服务平台,联系所在乡镇供水管护负责人及时解决这类问题。利用科技下乡实现水务系统现代化建设,保障农户供水,不断推进科技走进农户基层生活,提高农户生活质量,实现乡村经济增长[102]。

第三节　村镇供水管理长效机制构建

(1)建立政府职能定位清晰,多元主体协同参与,政府监管、社会监督的村镇饮用水管理体制。为适应社会协同治理改革,政府应积极改变之前由政府统建统管模式,清晰定位政府职能,明确政府的相应职责和权益。建立以服务为导向,监管为目标的政府,实现由主导型政府向服务监督型政府转变。政府在水务系统中行使重要的监管和调控职能。政府应当放权,实现经营权转交给企业经营，负责监管各种所有制企业运行。

（2）建立因地制宜分类管理、典型试点推广、多渠道经费补偿、多重保障、绩效评价考核、科技创新助推的村镇饮用水运行机制。因地制宜考虑该地的供水条件并结合村镇供水未来发展要求来构建村镇饮水管理机制。通过部分地区的先行先试，发掘此供水管理机制在此类地区适用的可行性；通过典型示范效应宣传带动其他地区效仿该地实行村镇供水管理模式，实现地区村镇供水管理共同进步；通过政府实行产业扶持和政策力度，建立科学饮水定价和水费收缴机制，实现多方渠道资金补偿村镇供水管理事业；通过专业人才、物业化管护、用水户服务等多重保障机制，利用绩效评价考核来提升供水管理效率；通过科技创新实现水务系统信息化和造福农户，有效促进供水事业的可持续发展。

附录

附录 A　农村饮水安全工程建设管理办法

第一章　总　　则

第一条　为加强农村饮水安全工程建设管理，保障农村饮水安全，改善农村居民生活和生产条件，根据《中央预算内投资补助和贴息项目管理办法》（国家发展改革委第 3 号令）等有关规定，制定本办法。

本办法适用于纳入全国农村饮水安全工程规划、使用中央预算内投资的农村饮水安全工程项目。

第二条　纳入全国农村饮水安全工程规划解决农村饮水安全问题的范围为有关省（自治区、直辖市）县（不含县城城区）以下的乡镇、村庄、学校，以及国有农（林）场、新疆生产建设兵团团场和连队饮水不安全人口。因开矿、建厂、企业生产及其他人为原因造成水源变化、水量不足、水质污染引起的农村饮水安全问题，按照"污染者付费、破坏者恢复"的原则由有关责任单位和责任人负责解决。

第三条　农村饮水安全保障实行行政首长负责制，地方政府对农村饮水安全负总责，中央给予指导和资金支持。

"十二五"期间，要按照国务院批准的《全国农村饮水安全工程"十二五"规划》和国家发展改革委、水利部、卫生计生委、环境保护部与各有关省（自治区、直辖市）人民政府、新疆兵团签订的农村饮水安全工程建设管理责任书要求，全面落实各项建设管理任务和责任，认真组织实施，确保如期实现规划目标。

第四条　农村饮水安全工程建设应当按照统筹城乡发展的要求，优化水资源配置，合理布局，优先采取城镇供水管网延伸或建设跨村、跨乡镇联片集中供水工程等方式，大力发展规模集中供水，实现供水到户，确保工程质量和效益。

第五条　各有关部门要在政府的统一领导下，各负其责，密切配合，共同做好农村饮水安全工作。发展改革部门负责农村饮水安全工程项目审批、投资计划审核下达等工作，监督检查投资计划执行和项目实施情况。财政部门负责审核下达预算、拨付资金、监督管理资金、审批项目竣工财务决算等工作，落实财政扶持政策。水利部门负责农村饮水安全工程项目前期工作文件编制审查等工作，组织指导项目的实施及运行管理，指导饮用水水源保护。卫生计生部门负责提出地氟病、血吸虫疫区及其他涉水重病区等需要解决饮水安全问题的范围，有针对性地开展卫生学评价和项目建成后的水质监测等工作，加强卫生监督。环境保护部门负责指导农村饮用水水源地环境状况调查评估和环境监管工作，督促地方把农村饮用水水源地污染防治作为重点流域水污染防治、地下水污染防治、江河湖泊生态环境保护项目以及农村环境综合整治"以奖促治"政策实施的重点优先安排，统筹解决污染型水源地水质改善问题。

第六条 农村饮水安全工程建设标准和工程设计、施工、建设管理，应当执行国家和省级有关技术标准、规范和规定。工程使用的管材和设施设备应当符合国家有关产品质量标准及有关技术规范的要求。

第二章 项目前期工作程序和投资计划管理

第七条 农村饮水安全项目区别不同情况由地方发展改革部门审批或核准。对实行审批制的项目，项目审批部门可根据经批准的农村饮水安全工程规划和工程实际情况，合并或减少某些审批环节。对企业不使用政府投资建设的项目，按规定实行核准制。

各地的项目审批（核准）程序和权限划分，由省级发展改革委商同级水利等部门按照国务院关于推进投资体制改革、转变政府职能、减少和下放投资审批事项、提高行政效能的有关原则和要求确定。项目建设涉及占地和需要开展环境影响评价等工作的，按规定办理。

第八条 各地要严格按照现行相关技术规范和标准，认真做好农村饮水安全工程勘察设计工作，加强水利、卫生计生、环境保护、发展改革等部门间协商配合，着力提高设计质量。工程设计方案应当包括水源工程选择与防护、水源水量水质论证、供水工程建设、水质净化、消毒以及水质检测设施建设等内容。其中，日供水 1000 立方米或供水人口 1 万人以上的工程（以下简称"千吨万人"工程），应当建立水质检验室，配置相应的水质检测设备和人员，落实运行经费。

农村饮水安全工程规划设计文件应由具有相应资质的单位编制。

第九条 农村饮水安全工程应当按规定开展卫生学评价工作。

第十条 根据规划确定的建设任务、各项目前期工作情况和年度申报要求，各省级发展改革、水利部门向国家发展改革委和水利部报送农村饮水安全项目年度中央补助投资建议计划。

第十一条 国家发展改革委会同水利部对各省（自治区、直辖市）和新疆兵团提出的建议计划进行审核和综合平衡后，分省（自治区、直辖市）下达中央补助地方农村饮水安全工程项目年度投资规模计划，明确投资目标、建设任务、补助标准和工作要求等。

中央补助地方农村饮水安全工程项目投资为定额补助性质，由地方按规定包干使用、超支不补。

第十二条　中央投资规模计划下达后，各省级发展改革部门要按要求及时会同省级水利部门将计划分解安排到具体项目，并将计划下达文件抄送国家发展改革委、水利部备核。分解下达的投资计划应明确项目建设内容、建设期限、建设地点、总投资、年度投资、资金来源及工作要求等事项，明确各级地方政府出资及其他资金来源责任，并确保纳入计划的项目已按规定履行完成各项建设管理程序。项目分解安排涉及财政、卫生计生、环境保护等部门工作的，应及时征求意见和加强沟通协商。

在中央下达建设总任务和补助投资总规模内，各具体项目的中央投资补助标准由各地根据实际情况确定。

第三章　资金筹措与管理

第十三条　农村饮水安全工程投资，由中央、地方和受益群众共同负担。中央对东、中、西部地区实行差别化的投资补助政策，加大对中西部等欠发达地区的扶持力度。地方投资落实由省级负总责。入户工程部分，可在确定农民出资上限和村民自愿、量力而行的前提下，引导和组织受益群众采取"一事一议"筹资筹劳等方式进行建设。

鼓励单位和个人投资建设农村供水工程。

第十四条　中央安排的农村饮水安全工程投资要按照批准的项目建设内容、规模和范围使用。要建立健全资金使用管理的各项规章制度，严禁转移、侵占和挪用工程建设资金。

各地可在地方资金中适当安排部分经费，用于项目审查论证、技术推广、人员培训、检查评估、竣工验收等前期工作和管理支出。

第十五条　解决规划外受益人口饮水安全问题、提高工程建设标准以及解决农村安全饮水以外其他问题所增加的工程投资由地方从其他资金渠道解决。对中央补助投资已解决农村饮水安全问题的受益区，如出现反复或新增的饮水安全问题，由地方自行解决。

第四章　项　目　实　施

第十六条　农村饮水安全项目管理实行分级负责制。要通过层层落实责任制和签订责任书，把地方各级政府农村饮水安全保障工作的领导责任、部门责任、技术责任等落实到人，并加强问责，确保农村饮水安全工程建得成、管得好、用得起、长受益。

第十七条　农村饮水安全工程建设实行项目法人责任制。对"千吨万人"以上的集中供水工程，要按有关规定组建项目建设管理单位，负责工程建设和建后运行管理；其他规模较小工程，可在制定完善管理办法、确保工程质量的前提下，采用村民自建、自管的方式组织工程建设，或以县、乡镇为单位集中组建项目建设管理单位，负责全县或乡镇规模以下农村饮水安全工程建设管理。

鼓励推行农村饮水安全工程"代建制"，通过招标等方式选择专业化的项目管理单位负责工程建设实施，严格控制项目投资、质量和工期，竣工验收后移交给使用单位。

第十八条　加强项目民主管理，推行用水户全过程参与工作机制。农村饮水安全工程建设前，要进行广泛的社区宣传，就工程建设方案、资金筹集办法、工程建成后的管理体制、运行机制和水价等充分征求用水户代表的意见，并与受益农户签订工程建设与管理协议，协议应作为项目申报的必备条件和开展建设与运行管理的重要依据。工程建设中和建成后，要有受益农户推荐的代表参与监督和管理。

第十九条　农村饮水安全工程投资计划和项目执行过程中确需调整的，应按程序报批或报备。对重大设计变更，须报原设计审批单位审批；一般设计变更，由项目法人组织参建各方及有关专家审定，并将设计变更方案报县级项目主管部门备案。重大设计变更和一般设计变更的范围及标准由省级水利部门制定。

因设计变更等各种原因引起投资计划重大调整的，须报该工程原审批部门审核批准。

第二十条　各地要根据农村饮水安全项目特点，建立健全行之有效的工程质量管理制度，落实责任，加强监督，确保工程质量。

第二十一条　国家安排的农村饮水安全项目要全部进行社会公示。省级公示可通过政府网站、报刊、广播、电视等方式进行，市（地）、县两级的公示方式和内容由省级发展改革和水利部门确定。乡、村级公示在施工现场和受益乡村进行，内容应包括项目批复文件名称、文号，工程措施、投资规模、资金来源、解决农村饮水安全问题户数、人数及完成时间、水价核算、建后管理措施等。

第二十二条　项目建设完成后，由地方发展改革、水利部门商卫生计生等部门及时共同组织竣工验收。省级验收总结报送水利部。验收结果将作为下年度项目和投资安排的重要依据之一。对未按要求进行验收或验收不合格的项目，要限期整改。

第五章 建 后 管 理

第二十三条　农村饮水安全工程项目建成，经验收合格后要及时办理交接手续，明晰工程产权，明确工程管护主体和运行管理方式，完善管理制度，落实管护责任和经费，确保长期发挥效益。以政府投资为主兴建的规模较大的集中供水工程，由按规定组建的项目法人负责管理；以政府投资为主兴建的规模较小的供水工程，可由工程受益范围内的农民用水户协会负责管理；单户或联户供水工程，实行村民自建、自管。由政府授予特许经营权、采取股份制形式或企业、私人投资修建的供水工程形成的资产归投资者所有，由按规定组建的项目法人负责管理。

在不改变工程基本用途的前提下，农村饮水安全工程可实行所有权和经营权分离，通过承包、租赁等形式委托有资质的专业管理单位负责管理和维护。对采用工程经营权招标、承包、租赁的，政府投资部分的收益应继续专项用于农村饮水工程建设和管理。

第二十四条　农村饮水安全工程水价，按照"补偿成本、公平负担"的原则合理确定，根据供水成本、费用等变化，并充分考虑用水户承受能力等因素适时合理调整。有条件的地方，可逐步推行阶梯水价、两部制水价、用水定额管理与超定额加价制度。对二、三产业的供水水价，应按照"补偿成本、合理盈利"的原则确定。

水费收入低于工程运行成本的地区，要通过财政补贴、水费提留等方式，加快建立县级农村饮水安全工程维修养护基金，专户存储，统一用于县域内工程日常维护和更新改造。

第二十五条　各地原则上应以县为单位，建立农村饮水安全工程管理服务机构，建立健全供水技术服务体系和水质检测制度，加强水质检测和工程监管，提供技术和维修服务，保障工程供水水量和水质达标。要全面落实工程用电、用地、税收等优惠政策，切实加强工程运行管理，降低工程运行成本。加强农村饮水安全工程从业人员业务培训，提高工程运行管理水平，保障工程良性运行。

第二十六条　各级水利、环境保护等部门要按职责做好农村饮水安全工程水源保护和监管工作，针对集中式和分散式饮用水水源地的不同特点，依法划定水源保护区或水源保护范围，设置保护标志，明确保护措施，加强污染防治，稳步改善水源地水质状况。

农村饮水安全工程管理单位负责水源地的日常保护管理，要实现工程建设和水源保护"两同时"，做到"建一处工程，保护一处水源"；加强宣传教育，积极引导和鼓励公众参与水源保护工作；确保水源地管理和保护落实到人，责任落实到位。

第二十七条　各级水利、卫生计生、环境保护、发展改革等部门要加强信息沟通，及时向其他部门通报各自掌握的农村饮水安全工程建设和项目建成后的供水运行管理情况。

第六章　监　督　检　查

第二十八条　各省级发展改革、水利部门要会同有关部门全面加强对本省农村饮水安全工程项目的监督和检查。检查内容包括组织领导、相关管理制度和办法制定、项目进度、工程质量、投资管理使用、合同执行、竣工验收和工程效益发挥情况等。

中央有关部门对各地农村饮水安全工程实施情况进行指导和监督检查，视情况组织开展专项评估、随机抽查、重点稽察、飞行检查等工作，建立健全通报通告、年度考核和奖惩制度，引导各地合理申报和安排项目，强化管理，不断提高政府投资效率和效益。

第七章　附　　则

第二十九条　本办法由国家发展改革委商水利部、卫生计生委、环境保护部、财政部负责解释。各地可根据本办法，结合当地实际，制定实施细则。

第三十条　本办法自发布之日起施行，原《农村饮水安全项目建设管理办法》（发改投资〔2007〕1752号）同时废止。

附录 B 张家川县农村饮水安全工程运行管理办法

第一章 总 则

第一条 为了加强对张家川县农村饮水安全工程运行管理，保障发挥工程效益，根据《中华人民共和国水法》《甘肃省实施〈中华人民共和国水法〉办法》《甘肃省水利工程设施管理保护条例》《甘肃省小型水利工程管理办法》《甘肃省农村饮水安全项目建设管理办法》《甘肃省水利工程土地划界标准》《甘肃省水利工程水费计收和使用管理办法》等法律法规，结合我县实际，特制定本办法。

第二条 本办法适用于保障农村饮水安全的集中供水工程，包括跨乡镇、跨行政村或自然村的集中供水工程。

第三条 农村饮水安全运行管理工作在县政府领导下，各部门密切配合，按照各自的职责，依法保护供水单位、用水户的合法权益。

（一）县水务局是农村饮水安全工程运行管理的行政主管部门，负责农村饮水安全工程的运行、监督和管理，协同相关部门对饮用水源地进行划分保护。

（二）在国家没有维护管理项目经费的前提下，县财政对已解决的农村饮水不安全人口每人每年给予 5 元的财政补贴，以后根据新增人口按同样标准递增财政补贴，用于保证集中供水工程的正常运行管理。

（三）为稳定现有管理人员，提高工资待遇，充分发挥其技术特长，更好地服务于群众，县人力资源和社会保障局负责将招聘管理人员纳入城镇职工社会养老保险统筹范围。

（四）县卫生和计划生育局负责农村供水卫生监督和水质监管工作，建立和完善农村饮用水水质监测网络。

（五）县环保局负责饮用水源地的环境保护和水污染防治工作。

（六）县物价局负责供水水价的核定与监管。

（七）县审计局对水费的管理和使用进行监督。

（八）县电力局提供电力保障、落实优惠电价政策。

（九）乡镇人民政府按照责任划分履行好辖区内的管理责任，并协助农村供水工程管理所做好组织、协调等工作，保障农村饮水安全工程的正常运行。

第四条 受益区的单位和个人有自觉遵守并依据本《办法》保护工程设施的权利和义务，对任意破坏、损害工程设施和浪费水的行为，人人有权制止，并向管理单位举报，进行查处，以确保工程安全运行，发挥效益，更好地为受益区群众服务。

第二章 管理机构及职责

第五条 按照省市主管部门的要求，张家川县农村供水工程管理站，隶属县水务局。其职责为：负责编制全县农村饮水安全工程规划；组织实施农村饮水安全工程建设及全县农村供水工程运行管理工作；负责做好水源地及供水水质监测工作，保障水质安全；指导全县乡（镇）、村供水、饮水和节约用水工作。

第六条 管理单位根据工作需要成立各基层供水工程管理所（以下简称管理所），管理所为农村饮水安全工程管理的专业组织。其主要职责为：负责本区域内农村饮水安全工程村网（不含村级管网）以上主体工程的管理、维修、养护和水费收缴，并为村组、用水户提供技术服务，保证水质安全和正常供水。管理所实行专业化管理，商品化供水，企业化经营，社会化服务。

第七条 各有关乡（镇）要成立农村饮水安全工程运行管理领导小组（以下简称乡管小组），组长由乡（镇）长担任，工作人员由驻村干部和村干部组成。其职责为：协助管理所做好饮水安全工程受益村组的各项协调工作及群众纠纷处理，并督促受益村村级管网的维护管理和用水户水费收缴工作。同时监督管理所的工作，对存在的问题提出合理化的意见和建议，使其发挥更大效益。

第八条 受益村要成立村级农村饮水安全工程运行管理领导小组（以下简称村管小组），组长由村干部担任，并根据本村（自然村）实际情况确定村级水管员（组员）。其职责为：负责维护、维修村级管网，督促用水户按期缴纳水费，保证本村供水工程正常安全的运行。

第九条 产权归属：农村饮水安全工程是以国家投资为主体建设的集中供水工程。其水源工程、泵站工程、电力设备、高位水池、供水干支管（以供水干支管道与村级管网"T"接点为界）的所有配水工程，产权隶属国家所有。村级管网（以村级供水管道与入户工程"T"接点为界）产权归村级集体所有，入户工程（以巷道支管"T"接点到用水户的水龙头）属群众自筹资金购置的，其产权属用水户所有。

第十条 责任划分：产权属国家所有的工程由各管理所依照相关的规章制度依法进行管理，因管理不善造成的一切损失由管理所承担。产权属村集体所有的村级管网由村管小组负责运行维护管理，如出现管道滴漏跑冒现象，村管小组应积极组织群众投劳，管理所提供维修材料和技术服务。村级管网因管理不善导致房屋、道路、农田等水毁损失及造成人身安全事故，其责任和一切后果由村管小组和用水户承担。产权属用水户所有的入户工程由用水户自行管理，管理及维修费用由用水户自行承担，因管理不善造成的所有损失由用户承担。

第三章 工 程 管 理

第十一条 张家川县农村饮水安全工程实行管理所与乡、村两级管理小组联合管理的模式进行管理。管理单位一般管理到村（自然村），村管小组管理到户，对不具备管理到户条件的村，管理单位只承担收费到户的责任，同时由管理单位和受益村、户分别签订管理协议，明确各自的责、权、利。

第十二条 管理单位对工程涉及范围内的水资源进行统一管理，并按照先生活、后生产、再生态的原则，在供水区域内全面推行各项节水措施，保证正常供水，保护用水户的切身利益。

第十三条 管理单位内部应当建立培训、竞争、激励、约束和考核机制，调动员工积极性，降低生产成本，提高工程效益和管理水平，确保工程安全、供水安全、效益稳定发挥。

第十四条 管理单位依据《甘肃省水利工程土地划界标准》划定农村饮水安全工程的管理和保护范围，并与受益乡、村或用水户签订管护协议。其范围标准为：

（一）水源工程：以水库外边线为界，管理范围为上游 1000m，下游 200m，左右两侧 50m。保护范围为上游 10km，下游 5km，左右两侧各为 500m。

（二）管道：管理范围为管道线向外 2m，保护范围 3m，以顶部埋设的界桩为标志。

（三）高位蓄水池和调蓄池的管理范围为自围墙外边线以外 2m。

（四）变压器及变台的管理范围以基础四周 1m 划定。

（五）电力线路的杆、塔、拉线，支柱及附属设施可划定 2m 的保护范围。

（六）管理所管理房以实际征地范围为准，管理范围为线外 2m，保护范围 3m，高位水池、减压调蓄池管理范围为线外 2m，保护范围 3m。

上述管理范围和保护范围的距离，均为水平距离。标准中所给的有关管理范围的数值，是指工程本身占地之外的划界宽度，同时有管理范围和保护范围时，保护范围从管理范围边线计起。对有关工程设施管理保护范围未涉及到的，可参照甘肃省强制性地方标准 DB 62/446—1995《甘肃省水利工程土地划界标准》有关规定执行。

第十五条 在工程管理和保护范围内可以耕作（除水源部分），但严禁铺设电缆、栽杆、炸石、打井、挖沙、挖窖、取土、葬坟、建房、修路和堆放废弃物等,严禁毁坏工程管理和保护范围内的界碑、界桩等标记。在管理和保护范围内的违章建筑必须拆除。确因需要的必须事先向管理单位提出申请,互相协商解决,未经管理单位同意造成的一切责任和损失由当事人承担。

第十六条 村管小组应当随时对村级管网、检查井及其附属物进行巡查、检修和维护,村管小组无法排除的故障和隐患,应及时和管理所联系,共同解决存在的问题。

第四章 水源及水质管理

第十七条 农村饮水安全工程水源关系到受益区群众的身体健康和生命安全。受益区乡、村及群众,都有依法保护工程饮水水源不受破坏的责任和义务。

第十八条 除取水建筑物设置保护措施外,管理单位须依法划定水源保护地,并设置界桩。严禁在界桩范围内修建工矿企业,任何单位和个人不得在水源地保护范围内从事有污染的种植业和养殖业,不得排放工业废水和生活污水,不得堆放有污染水质的废渣、垃圾及其他有害物品。

第十九条 管理单位要按照供水技术规范和农村饮用水卫生标准要求,定期对供水水质进行检测,保证供水水质达到生活饮用水标准。

第二十条 凡因开矿、建厂或进行其他生产建设活动造成工程水源变化、水质污染和工程损坏的,应按"谁污染,谁治理,谁损坏,谁赔偿"的原则,依据有关法规,由造成破坏、污染的单位或个人及时采取处理措施,并赔偿相应损失。

第二十一条 水务部门应会同卫生等相关部门制定农村供水水质突发性事件应急预案,报县人民政府批准后组织实施;供水单位应根据应急预案,制定相应的突发事件应急工作方案,报水务部门备案,并定期组织演练。

第五章 供 水 管 理

第二十二条 管理所应严格执行《村镇供水工程技术规范》,提供和生产符合国家农村《生活饮用水卫生标准》的生活用水。

第二十三条 管理所应全力保障主体配水工程的正常运行,不得随意停水,有下列情形之一,需停止供水时,管理所应会同村管小组向用水户通知,并说明情况。

(一)供水所维修供水设备、管道、改线施工的;

(二)因管道断裂停水的;

（三）因自然灾害及其他原因造成工程设施损坏的。

第二十四条 受益区用水单位和用水户要按规定安装计量设施，对不安装计量设施的用水户，管理所和村管小组有权停止供水。

第二十五条 村管小组应全力配合管理所对受益区范围内的用水户逐村、逐户登记造册建卡，便于统一管理和计划供水。

第二十六条 各用水户在冬季要采取保暖措施，保护供水设施，确保正常用水。

第二十七条 有下列情形之一的，视其情节轻重、给予相应处罚，情节特别严重的移送司法机关依法追究法律责任：

（一）进户工程漏水，多次督促不修复的，可以对该用水户停止供水；

（二）私拆水表、私开铅封、弄虚作假，致使水表计量不准，偷水截水的，依据《中华人民共和国计量法实施细则》第五十一条的规定，处以两千元以下罚款，并相应承担责任，赔偿造成的一切损失；

（三）私接水管，旁通闸阀，擅自增加供水设施及损坏其他工程设施的，责令强行拆除，恢复原状，并处以两千元以下罚款；

（四）在工程设施管理和保护范围内修建建筑物的，处以五百元以上一万元以下罚款；

（五）在工程设施管理和保护范围内堆放垃圾、杂物、打井、爆破等危害饮水安全工程正常运行的，处以二百元以上五千元以下罚款；

（六）在生活饮用水源一、二级保护区内禁止新建扩建与供水设施和保护水源无关的一切建设项目，否则按照权限责令停止或者关闭。在生活饮用水源一、二级保护区范围内禁止设置排污口，造成水源污染的，处十万元以上五十万元以下的罚款，并依法取缔。

第二十八条 用水户外出或其他原因，连续三个月停止用水的，应当事先向村管小组和管理所写出停止用水申请书，经管理站批准后保留其用水户籍，可以暂停供水。

第二十九条 各管理所工作人员必须定期或不定期对饮水工程设施进行检查维修，确保正常供水。对玩忽职守、滥用职权、徇私舞弊的，由所在单位给予处罚；对公共财产、国家和人民利益造成重大损失的，视其情节依法追究法律责任。

第六章 新增用水户管理

第三十条 工程投入使用后，要求新增的用水户（简称新用水户），需由新用水户递交书面申请，并经村管小组同意，签字盖章后报管理所批准，适当收取安装所需的材料及施工费用（每年由物价部门核定）后，由管理所的专业技术人员进行入户作业。因新入户引起的管道开挖费由新用水户承担。

第三十一条 用户改建、扩建或拆迁用水设施，应经管理所、村管小组同意后，由管理所的专业技术人员实施，产生的费用由用水户承担。

第七章　临时用水及管理

第三十二条 凡需临时用水的（以下简称临时用水户），必须向管理所提出书面申请，说明用水用途、数量、时间、地点。经管理所审核、批准后，并收取一定安装费后，方可由管理所专业技术人员实施通水作业，所产生的费用由临时用水户自行承担。对临时用水户采取先交费后供水的办法供水。计费标准按张家川县农村饮水安全工程同类型正常用水标准计收。

第八章　水价核定及水费收缴

第三十三条 管理所实行有偿供水，计量收费，自主经营的原则，其水价由市、县水利部门按工程实际运行成本核算，报物价部门批准后执行。水价以公示的形式向社会公开，接受社会和群众监督。

第三十四条 张家川县农村饮水安全工程水费收缴根据各村实际情况实行收费到户和收费到村两种收费模式。

第三十五条 实行收费到户模式的：

（一）当用水总量不足工程设计供水量的 50％时，管理单位执行基本水费（当用户每月用水量不足 2.5t，按 2.5t 标准水价计收，超过 2.5t 时，按实际用量计收）和年预收水费制度，按年为收费周期，收清本年度水费后并预收下年度水费。计收水费应当使用由财政部门监制的行政事业性收费专用票据。实表实抄，票据、卡、用户手册、水表吨数数据必须相一致。在出现水表无法计量时，按基本用水量计收。

（二）用水户要按规定的日期缴纳水费，逾期不交的，按日加收 2‰的滞纳金，经催缴无效的，管理所可以停止供水。

（三）村管小组应督促用水户积极缴纳水费，如出现行政村水费收缴率低于 85％时，乡管小组应在 5 日内督促村管小组和用水户交清水费，若督促无效时，管理所可以停止供水。

（四）管理单位建立水费专户，实行收支两条线管理，将收缴的水费统一上缴县非税收入管理局，由县非税收入管理局再校拨到县农村供水管理站，实行报账制管理使用。收缴的水费主要用于管理所所管辖的所有主体工程运行、维修、维护管理及人员工资，不得乱支乱用，保障工程良性运行。

第三十六条 实行收费到村模式的：

（一）对收费到村的实行先交费，后供水的办法，村管小组根据本村用水量到管理所预交水费，用水户水费由村管小组收取。

（二）以村（自然村）安装总表，用水户一户一表，村管小组入户抄表登记，并按物价部门核批的水价，向用水户计收水费，水损部分由村管小组分摊用水户。

（三）村管小组对逾期不交水费的，按日加收 2‰的滞纳金，经催缴无效的，村管小组可以停止供水。

（四）村管小组收取的水费要建立专户管理，实行财务公开，由管理所和乡管小组进行监督，所收水费用于向管理所缴纳水费和村级管网维护。

第三十七条　农村饮水安全工程取水按《取水许可和水资源费征收管理条例》（国务院令第 460 号）和省上有关规定办理取水许可证，暂缓征收水资源费。水质检测费由县财政给予适当补助。

第三十八条　农村饮水安全工程设计用电量由县电力部门在政策允许的前提下按有关规定纳入全省农业排灌电价控制基数，按地表水、地下水扬程分别执行相应类别的农业排灌优惠电价。

第三十九条　建立农村饮水安全工程运行管理专项补助制度，对实际供水价格达不到成本水价和供水工程用水量达不到设计标准的，县财政适当予以补贴。

第九章　奖　　惩

第四十条　对执行本办法有显著成绩和贡献的单位和个人给予表扬和奖励。

第四十一条　对违反本办法的单位和个人，情节轻微的由水行政执法部门、供水所进行处理。情节严重的应根据《中华人民共和国水法》及其实施细则，也可参照《甘肃省实施水法办法》的有关规定予以处罚；情节严重构成犯罪的，由司法部门依法追究刑事责任。

第四十二条　工程设计范围内的单位和个人有保护农村供水工程设施的权利和义务，对故意破坏、损害工程设施和浪费水的行为，人人有权制止，并向管理单位举报，以确保工程安全运行。

第四十三条　管理所工作人员有下列情形者，视其情节，由供水单位分别给予批评教育、罚款或行政处分，构成犯罪的，依法追究刑事责任。

（一）擅离岗位，无故停水断水的；

（二）擅自改变工程用途、提高供水价格的；

（三）供水设施发生故障未及时组织抢修的；

（四）玩忽职守，违章操作，致使设备损坏，造成重大经济损失的；

（五）贪污、挪用水费或以权谋私的；

（六）对水源水质、水量监管不力，造成严重后果的。

第四十四条　管理单位违反本办法规定，水质、水量、水压达不到国家规定标准的、擅自停止供水 、供水设施发生故障未及时组织抢修的，由水务部门责令其改正，并赔偿用水户因此造成的损失。

第十章　附　　则

第四十五条　本办法有效期为五年。

附录 C 安康市农村供水工程运行管理办法

第一章 总 则

第一条 为全面加强农村供水工程运行管理，明确管理责任，提升管理水平，保障供水安全，保证农村供水工程正常运行和长期发挥效益，根据《中华人民共和国水法》《陕西省城乡供水用水条例》《陕西省饮用水水源保护条例》等法律法规规定，结合本市实际，制定本办法。

第二条 本办法适用于本市行政区域内农村供水工程的供水用水、水源保护、水质安全、设施维护及监督管理等相关活动。

本办法所称农村供水工程，是指本市行政区域内除安康中心城区和各县（市）城区外建设的以提供居民生活饮用水为主的供水工程设施。

本办法所称供水单位，是指负责农村供水工程日常运行管理的单位、机构和组织。

本办法所称公共供水，是指在安康中心城区和各县（市）城区外，供水单位以公共供水管道及其附属设施向单位和个人的生活、生产和其他活动提供用水。

本办法所称二次供水，是指在安康中心城区和各县（市）城区外，单位和个人将公共供水或自建设施供水经储存、加压后通过管道再供给用水户或自用的供水过程。

第三条 农村供水工程运行管理应当符合相关规范和技术标准以及政策要求，保证用水户供水状况符合《农村饮水安全评价准则》（T/CHES 18—2018）要求。

农村供水工程运行管理应建立健全责任体系和规章制度，确保设施设备良好、运行管理规范、水质安全达标。

第四条 县（市、区）人民政府承担本辖区内农村供水管理的主体责任，水行政主管等部门承担行业监管责任，供水单位承担运行管理责任。

第五条 鼓励开发、应用和推广供水用水的新技术、新工艺、新设备、新材料。

第六条 市、县（市、区）人民政府对在农村供水建设、管理、保护和科研等工作中做出显著成绩的单位和个人给予表彰奖励。

第二章 工程管理和职责分工

第七条 相关职能部门在农村供水工程运行管理中承担如下主要职责：

市水利局负责农村供水工程运行管理的行业指导和监管工作，督促指导开展管水员业务培训；督促供水单位开展水质自检工作；负责农村供水工程运行管护和维修改造项目实施的监督、指导、管理工作。

市发展改革委负责农村供水工程管护、饮用水水源保护等项目的批复立项；负责指导县（市、区）按照价格管理权限开展农村供水价格管理工作。

市财政局负责农村供水工程维护、水质检测、日常运行补助资金的筹集。

市卫健委负责农村供水水质的监督检测工作；负责对集中式供水水源卫生防护的指导和供水工程卫生安全的巡查监督；负责制定饮用水卫生管理的规范标准和政策措施；组织开展饮用水卫生知识宣传及供水单位负责人卫生法律法规培训。

市生态环境局负责饮用水水源保护的监督管理，组织集中式饮用水水源保护区划定以及防护隔离措施的落实；督促指导县（市、区）开展饮用水水源保护巡查工作。

市人社局负责安排调剂各类公益性岗位用于农村供水管护工作。

公安、民政、住建、自然资源、农业农村、市场监管、应急、消防等部门按照各自职责做好涉及农村供水工程运行管理的相关服务保障及行政管理工作。

第八条　农村供水安全保障实行行政首长负责制，县级人民政府是本辖区农村供水安全的责任主体，对农村供水安全保障工作负总责，统筹做好农村供水管护的组织领导、制度建设、机构保障、经费落实等工作。

第三章　运行管理与设施维护

第九条　农村供水工程应按照"谁投资、谁所有"的原则明确工程所有权。由政府投资建设的供水工程，其所有权归地方人民政府或其授权部门所有；由政府投资和其他形式投资共建的，其所有权按出资比例由投资者共有；由单位（个人）投资兴建的，其所有权归投资者所有。户表和户表后的入户供水设施归用水户所有。

第十条　农村供水工程产权所有人作为管理主体，负责管理方式的选择和管护责任的落实。

第十一条　镇政府所在地集镇供水及供水人口1000人以上的农村供水工程，原则上由县级农村供水管理机构或镇政府直接管理；供水人口1000人以下的集中式供水工程由村委会聘请人员管理或组建供水协会自主管理；分散式供水工程及单位、企业、个人投资兴建的供水工程由产权所有人自行管理。

第十二条　县（市、区）、镇人民政府、街道办事处应定期组织开展农村供水工程运行管护情况排查，对排查发现的问题应限期整改。

第十三条　镇人民政府、街道办事处应按需落实专职管水员并明确职责，定期组织培训并严格考核。

第十四条　以租赁形式确定私营企业或个人作为供水工程经营主体时，在租赁协议中应就设施改造维护、水质安全责任、资金投入清算等内容进行详细约定。

第十五条　户表前的取水枢纽、输水管道、净化水厂、配水管网等供水设施由供水单位负责管理维护，户表后的入户设施由用水户负责管理维护。

第十六条　集中式供水工程的供水单位应对取水、输水、净水、蓄水和配水等设施加强质量管理，建立放水、清洗、消毒和检修制度及操作规程，保证安全运行。

第十七条　水行政主管部门、镇人民政府及街道办事处要督促指导各供水单位建立健全水源巡察保护、设施巡察养护、水厂运行管理、水质净化消毒、设备操作规范、药剂存储投加、水费收缴公示、水厂值守交接、事故应急处置以及管水员管理等规章制度。

第十八条　任何单位和个人不得擅自损毁、启闭公共供水设施设备，迁改、压埋供水管道，破坏、污损水源保护标示及相关警示标志，不得私自将自建供水设施与公共供水设施连接。

第四章　水源保护与水质安全

第十九条　农村供水工程水源划定、保护、监管等工作应严格执行《陕西省饮用水水源保护条例》等相关法律法规和政策规定。

第二十条　市、县（市、区）人民政府应当在饮用水水源保护区边界设立明确的地理界标和明显的警示标志，在饮用水水源一级保护区周边人类活动频繁的区域应当设置隔离防护设施。

任何单位和个人不得损毁、擅自改变地理界标、警示标志和隔离防护设施。

第二十一条　县（市、区）人民政府可根据实际需要，划定和调整分散式饮用水水源保护范围，划定或调整后应及时向社会公布并按照国家有关规定设置隔离防护设施或标志。

第二十二条　市、县（市、区）人民政府应当建立饮用水水源安全巡察制度，发现影响饮用水水源安全的行为，应当及时采取措施、消除影响并依法处理。

镇人民政府、街道办事处应当组织和指导村民委员会、居民委员会开展饮用水水源保护巡查工作，发现问题，应当及时采取措施并向有关主管部门报告。

第二十三条　镇人民政府所在地及其他重要集镇供水工程，应逐步建设应急备用水源。公共供水系统不能满足用水户需要，确需使用自备水源或者建设自备水源工程取水的，须经市、县（市、区）级水行政主管部门批准。水行政主管部门在批准前应征求供水单位的意见。

第二十四条　因开矿、建厂或其他建设造成水源污染、水量减小导致不能正常供水的，按照"谁污染、谁负责、谁损坏、谁赔偿"的原则，由造成污染、损坏后果的责任单位或个人及时处理，赔偿损失。

第二十五条　水质检测实行供水单位自检和卫健部门抽检相结合的方式开展，检测项目及频次执行相关规范标准。日供水 1000 吨或供水人口 10000 人以上水厂，应建立水质化验室，每日开展部分水质指标的自检。

第二十六条　各县（市、区）应建立农村饮水安全水质检测机构并完成CMA 资质认证，承担本辖区农村供水水质自检任务，检测能力不能满足工作需求时可委托有相应资质的机构承担部分检测任务。水质检测经费应纳入县（市、区）财政预算予以保障，市级财政予以适当补助。水质检测异常时应立即启动应急处置并及时报告。

第二十七条　县（市、区）卫生健康行政主管部门组织对农村供水水质状况进行定期抽检，抽检结果应及时反馈相关单位并组织会商分析，并及时向社会公布检测结果。县（市、区）卫生监督机构应加强对农村集中式供水水源卫生防护的指导，加大对二次供水设施、学校饮用水设施及其清洗、消毒等情况的监督检查力度。

第二十八条　二次供水设施管理者每半年应当对供水设施清洗消毒，并委托有资质的单位对水质进行检测，保障二次供水水质符合国家标准。

第二十九条　生态环境行政主管部门应当定期发布饮用水水源水质状况信息；卫生健康行政主管部门应当定期发布饮用水水质安全状况信息。

第三十条　集中式供水单位应当取得县（市、区）人民政府卫健部门颁发的卫生许可证，方可供水。直接从事供、管水的人员必须每年进行一次健康检查。如发现不宜继续从事供、管水工作的，应立即离岗治疗，治愈后方可上岗工作。

第五章　供水保障与用水管理

第三十一条　农村供水工程应优先保证工程设计范围内用水户的用水需要。在水源水量等条件允许以及其他潜在用水纠纷矛盾较小的情况下可扩大供水范围。

第三十二条　因工程施工、设备检修等原因确需临时停止供水的，供水单位应提前 24 小时通知用水户。因发生灾害或紧急事故导致停止供水的，供水单位应在 2 小时内组织抢修并告知用水户停水原因，尽快恢复供水。暂停供水时间超过 1 天的，应采取临时供水保障措施。

第三十三条 市、县水行政主管部门及镇人民政府、街道办事处均应建立用水户投诉受理机制，公开投诉受理电话，对用水户的合理诉求应当及时处理。

第三十四条 用水户应当履行下列义务：

（一）按时交纳水费，不得拖欠或者拒付；

（二）不得擅自改变用水性质；

（三）不得盗用或者擅自向其他单位和个人转供用水；

（四）不得在公共供水管道上直接装泵抽水；

（五）变更或者终止用水，应当到供水单位办理相关手续。

第三十五条 用水户用水应实行水表计量。供水单位对水表等计量器具应定期检查、校正。

第三十六条 用水户未按合同约定交纳水费的，供水单位可以向欠费的用水户送达《催款通知单》，用水户收到《催款通知单》后 30 日内仍未交纳水费的，供水单位可按照合同约定停止供水。被停止供水的用水户交清拖欠水费后，供水单位应当在 12 小时内恢复供水。供水单位对欠费用水户停止供水的，不得影响对其他正常缴费用水户的供水。

第三十七条 农村供水工程涉及的消防设施由县级应急、消防、水行政主管部门及供水单位共同监督检查，由供水单位负责维修和日常管理。除扑救火灾及相关用途外，任何单位和个人不得擅自使用消火栓，其维护运行及水费按成本价由县级财政定额补贴。

第三十八条 因施工不当等过失造成供水设施损坏的，由过失责任方依法赔偿，并按照实际水量赔偿损失；导致水质受污染的，应当及时向水行政主管部门、卫生健康行政主管部门、供水单位报告并向相关用户告知。供水单位应当立即停止供水，及时对用水设施进行清洗、消毒，经卫生健康行政主管部门检验合格后恢复供水。

第六章　水费计收与经费保障

第三十九条 农村供水应有偿使用、计量收费。县级价格主管部门负责制定和发布本辖区农村供水指导价，并根据物价指数、供水成本变化情况建立调价机制。

第四十条 供水人口 1000 人以下的集中式农村供水工程的水价由村委会、管水组织和用水户协商确定，水费收缴可推行"基本水价＋计量水价"的两部制水价计收方式。对水量充沛的小规模供水工程可实行按户或按人定额计收水费的方式。

第四十一条 水费由供水工程管理单位或其委托、聘用的管水员收取。收取水费后应向缴纳人出具相应的凭证。水费收入及开支应建立专账管理，并向用水户公示。水费收入主要用于电费和消毒药剂、一般维修费用及管水员薪酬等开支。

第四十二条 市、县（市、区）应建立农村供水工程运行经费财政补贴机制，将农村供水工程运行管护经费纳入本级财政预算，重点用于农村供水设施管护。市级水利部门会同财政部门建立农村供水管护财政资金激励机制。鼓励村级集体经济收益用于农村供水工程运行补贴和设施维修。

第七章 法 律 责 任

第四十三条 违反本办法规定的，由监管部门按照相关法律、法规规定予以处理。

第四十四条 水行政主管部门及其他有关部门的工作人员玩忽职守、滥用职权、徇私舞弊的，由其所在单位或者监察机关给予行政处分；构成犯罪的，依法追究刑事责任。

第八章 附 则

第四十五条 有关法律、法规、规章对农村供水工程运行管理另有规定的，从其规定。

第四十六条 本办法未尽事宜，由市水行政主管部门会同相关部门另行制定。

第四十七条 本办法自 2022 年 1 月 1 日起施行，有效期至 2026 年 12 月 31 日止。

附录 D 上虞区农村饮用水工程运行管理办法（试行）

第一章 总 则

第一条 为全面落实农村饮用水工程安全管理"三个责任"，健全完善农村饮用水工程运行管理"三项制度"，规范供水工程的运行管理方式，保障农村饮用水工程可持续运行，根据省、市、区《农村饮用水达标提标行动计划（2018—2020年）》和《浙江省农村供水管理办法》《浙江省水利厅关于进一步加强村镇供水工程规范化建设与管理的通知》等相关规定，以规模化发展、标准化建设、市场化运营、专业化管理的农村饮用水体系为准则，结合我区实际，制定本办法。

第二条 本办法适用于上虞区范围内农村饮用水工程水源保护、运行管理、水质检测、水费计收和维修养护等供水用水相关活动。

第三条 按照"统筹规划、城乡同质、区级统管、改革创新"的基本原则，因地制宜，综合施策，将全区农村饮用水工程分为城乡联网供水工程和乡镇、单村供水工程。

第四条 遵循"安全第一、从严控制，统一管理、上下配合"的运行管理原则，坚持"政府主导、市场参与、乡村实施、农民配合"，对农村饮用水工程进行管理。

第二章 管 理 职 责

第五条 农村饮用水工程运行管理实行行政首长负责制，区人民政府对全区农村饮用水安全负主体责任，乡镇人民政府对本行政区域内农村饮用水安全负主体责任。水利、建设、生态环境、卫生健康等部门对农村饮用水安全负行业监管责任；发展改革、财政、自然资源和规划、农业农村、交通运输、税务、供电、水务等有关部门按照各自职责，共同做好农村饮用水工程运行管理工作。

第六条 区水利局作为农村饮用水安全的行业主管部门，负责抓好农村饮用水工程规划计划、项目实施方案等前期工作和组织实施，制订农村饮用水工程的管理相关规定和考核细则，指导、监管农村饮用水工程建设和运行管理等工作。

第七条 区水利技术指导中心（区农村饮用水管理服务中心）是农村饮用水工程的区级统管机构，承担全区农村饮用水工程统筹管理的职责，主要负责组织协调、检查检测、培训指导、验收考核等工作。区疾控中心负责对乡镇、单村供水工程水质定期检测。

第八条 区水务集团负责城乡联网供水工程的运行管理工作和"三个责任人"公告牌设置，并指导乡镇、单村供水工程的运行管理等工作。

第九条 各相关乡镇负责做好属地范围内乡镇、单位供水工程各项工作和"三个责任人"公告牌设置，会同区级统管机构落实管护队伍或运管单位，实行专业化管理和服务，提高供水安全保障。

第十条 各受益村应加强工程属地巡查管理维护，劝阻损害、改动、破坏和侵占供水设施的行为。基于本村实际，结合本管理办法，制定饮用水工程运行管理村规民约、水费计收标准和方式，监督供水设施设备的管理和使用，配合上级检查。

第三章 管 理 机 制

第十一条 农村饮用水工程管理根据实施主体确定产权，明确管理职责。

（一）由区水务集团负责实施的城乡联网供水工程资产归区水务集团所有，由区水务集团负责日常管理和运行维护。

（二）由属地乡镇政府负责实施的乡镇、单村供水工程资产分别归当地乡镇、村集体所有，乡镇、单村供水工程在区级统管机构的统筹管理下由属地乡镇直接管护或物业化委托第三方机构负责日常管理和运行维护。

第十二条 农村饮用水工程应当配备相应的管理人员，做好水源巡检、水质检测、供水设施检修和养护等工作，确保设备的正常、运行安全。真实记录运行日志，建立健全供水档案，并进行专人管理。设岗定员标准参照《村镇供水站定岗标准》等规定的要求，合理确定。

第十三条 城乡联网供水工程运行管护、水质检测及日常维修费用由区水务集团筹措解决。乡镇、单村供水工程水质检测经费由区财政全额保障。乡镇、单村供水工程的日常运行管护资金由属地乡镇承担，区水利局根据考核结果予以补助（考核细则另行制定）；乡镇、单村供水工程的日常维修资金由乡镇、村承担；入户管道及配套设施由用水户自行管理并承担维修费用。10万元以上的单项农村饮用水工程设施设备大修和更新改造需另行申请区级立项，经验收、审计后按照相关规定予以补助。因管理不善造成的损失由属地政府承担。

第四章 运 行 管 理

第十四条 水源管理

（一）任何单位和个人都有依法保护农村饮用水水源不受污染的责任和义务；

（二）区生态环境分局、区水务集团和各相关乡镇要加强供水水源的统一管理，根据划定的农村饮用水水源地保护区（范围）和供水工程管护范围，设置界标、警示牌、宣传牌等标志，采取相应的保护措施，防止饮用水水源受到污染；

（三）因突发性事故造成或存在饮用水水源污染或隐患时，管护主体应立即采取措施消除污染或隐患，逐级上报，并启动应急预案，保障饮用水水源安全；

（四）运管单位应定期开展水源地巡查，巡查频次每月不应少于1次，发现影响水源安全的问题及时处理。

第十五条　水质管理

（一）区水务集团各水厂需建立水质检测化验室，定期开展水质检测。区疾控中心作为乡镇、单村供水工程的水质检测单位要按照《浙江省水利厅关于进一步加强村镇供水工程规范化建设与管理的通知》的有关要求，对水源水、出厂水和管网末梢水进行水质检测并建立档案。运管单位应落实送样人员，按要求及时将水质样品送检；

（二）区卫生健康局负责农村供水工程的健康影响评价和农村生活饮用水卫生监测工作，指导做好卫生消毒相关工作。

第十六条　取水管理

（一）对取水构筑物及取水口周边环境进行定期巡查；

（二）及时清除取水构筑物上堆积的杂物等，定期进行冲淤清洗和消毒，保持取水口周边水流通畅；

（三）消防用水设施实行专用，除火警及特殊情况用水外任何单位和个人不得动用。

第十七条　制水管理

（一）根据净化工艺制定操作规程，按规程控制生产运行过程；

（二）对净水构筑物进行定期检修；

（三）絮凝、消毒等药剂溶液应按规定的浓度用清水配置，并根据原水水质和流量确定加药量，药剂用量、配制浓度、投加量及加药系统运行状况应定期记录，投药设施应定期检查，确保出厂水达到《生活饮用水卫生标准》（GB 5749）的规定；

（四）定期检查消毒设备与管道的接口、阀门等渗漏情况，定期更换易损部件，维护保养每年不应少于1次。

第十八条　供水管理

（一）运管单位进行供水设施抢修时，有关单位和个人应当给予支持和配合，不得阻挠或者干扰；

（二）运管单位应当履行普遍服务义务，优先保证农村居民生活用水的供应，不得擅自停止供水；

（三）因供水工程施工或者供水设施检修等原因，确需临时停止供水的，应当在临时停止供水前 24 小时通知用户，并向乡镇和区水利技术指导中心（区农村饮用水管理服务中心）报告；

（四）因发生灾害或者紧急事故，无法提前通知的，应当在抢修时间时通知用户，尽快恢复正常供水，并报告乡镇和区水利技术指导中心（区农村饮用水管理服务中心）。连续超过 24 小时不能恢复正常供水的，运管单位应当采取必要的应急供水措施，保证用户生活用水的需要。

第十九条 管网运行维护管理

（一）运管单位应当做好管网巡线和检漏，阀门启闭作业和维护，管道维护与抢修，运行管道的冲洗，处理管道各类异常情况等工作；

（二）定期排除管道低处泄水阀门淤泥并冲洗，配水管网末梢的泄水阀每月至少开启 1 次进行排水冲洗；

（三）对管线中的各类阀门进行定期检查，及时维修或更换；

（四）每年排空清洗消毒清水池 1 次；大修后必须进行满水实验检查渗水，经消毒合格后，方可投入使用；

（五）对水厂（站）进行定时巡查，对各类设备进行保养，做好设备的防冻、防腐、防盗等措施。

第二十条 档案管理

档案资料主要包括：

（一）设计、建设、验收等工程建设资料和图纸；

（二）各项操作规程和管理制度；

（三）设备材料采购、工程巡查和维修养护记录、水质检测报告、水费收取和财务资料、人员管理、突发事件及投诉处理等运行管理资料。

第五章 水 费 计 收

第二十一条 农村饮用水供水实行有偿使用、一户一表计量收费制度，通过完善水费收取等措施，确保农村饮用水工程正常运行及维修管理经费。

第二十二条 城乡联网供水工程覆盖的地区，由区水务集团按照统一收费标准定期向用水户收取水费。乡镇、单村供水工程覆盖的地区，由村委会组织召开村民会议或村民代表会议，明确水费收取标准和收费方式，向全村村民公示，报乡镇政府和区级统管机构、区水利局备案，由村委会落实专人定期向用水户收取水费。对于未落实水费收缴、收缴不足或水费管理使用不规范的乡镇、村要进行通报，连续通报的酌情暂停各类政府性补助。

第二十三条 乡镇、单村供水工程必须定期抄表、收费（收缴周期最长不能超出 6 个月）。相关村委会要定期对水量、水费收缴进行公示，接受用水户和社会监督。用水户必须安装水表，按时缴纳水费，逾期不缴纳的，可停止供水。

第二十四条 用户应当节约用水，并遵循下列规定：

（一）按时交纳水费，不得拖欠或者拒付；

（二）不得擅自改变用水性质和用途；

（三）不得盗用或者擅自向其他单位和个人转供用水。

第二十五条 区水务集团征收的水费由水务集团统筹使用。村委会征收的水费用于农村饮用水工程运行维护开支，专户储存，专款专用。

第六章　村　规　民　约

第二十六条 各农村饮用水工程受益村应基于本村实际，结合本管理办法，在原村规民约中增加农村饮用水工程运行管理相关内容。村规民约中应明确村内供水设施保护事项和水费情况，包括如下内容：

（一）在供水构筑物、管道、单个水池保护范围内不得修建影响供水的其他建筑物，严禁任何单位和个人擅自改动、破坏和侵占供水设施；

（二）供水工程的沉沙过滤池、蓄水池外围 30 米范围内，不得设立生活区和修建畜禽养殖场，不得堆放垃圾、粪便，不得修建污水渠道等；

（三）供生活饮用水的配水管道，不得与非生活饮用水管网相连接；

（四）供水设施周围环境保持清洁卫生，不得有污物堆和杂草丛生，排水必须通畅；

（五）村委会明确水费收取标准和收取方式，向全体村民公示。

第二十七条 村民作为供水工程的受益者，应履行以下义务：

（一）保护入户水表，并进行供水计量收费，坚持计划用水、节约用水等原则；

（二）按时按表缴纳水费，禁止私自接水、窃水，拒不缴纳水费；

（三）保护供水水源、供水工程，禁止私自拆迁、毁坏供水设施，严厉打击破坏水源、污染水质行为；

（四）定期检查进户水管漏水，防止浪费水资源。

第二十八条 村民有权利对饮用水安全工作进行监督，发现以下情况时，可向村委会提出意见，村委会拒不采纳时，可向乡镇或区级统管机构、行业监管部门举报：

（一）供水设施损坏，多次反馈不修复；

（二）擅自提高水价、乱收水费；

（三）擅离岗位，无故停水断水；

（四）贪污挪用水费，或拒不公示水费；

（五）以供水设施谋取私利；

（六）对水源水质监管不力，造成严重影响。

第七章　附　　则

第二十九条　本办法自 2019 年 8 月 18 日起实施。

参 考 文 献

[1] 阮梦蝶. 农村饮水安全工程实施模式的比较研究：以湖北省四县为例 [D]. 武汉：
中南财经政法大学，2020.

[2] 张玉欣，赵友敏，曲小兴，等. 我国农村供水工程现状分析 [J]. 中国水利，
2013 (7)：14-15.

[3] 尉晓丽，李红. 浅谈我国农村供水工程的特点 [J]. 才智，2018 (36)：71.

[4] 曲炳良，林爱文. 浅谈农村供水工程的特点与发展建议 [J]. 陕西水利，2009 (6)：
92-93.

[5] 韩广富，张新岩. 新中国解决农村饮水安全问题研究 [J]. 当代中国史研究，2021，
28 (3)：15-33.

[6] 《中国水利》杂志社编辑部. 《全国农村饮水安全工程"十一五"规划》摘要 [J].
中国水利，2007 (10)：1-14，22.

[7] 刘平. 农村供水工程可持续运行管理模式探析 [J]. 建筑工程技术与设计，
2016 (6)：1619.

[8] 侯永胜. 农村饮水安全工程可持续发展对策建议 [J]. 农业科技与信息，2010
(16)：17-18.

[9] 冯慧. 如何加强农村安全饮水工程管理 [J]. 消费导刊，2018 (13)：19，21.

[10] 时元智，张学明，施海祥，等. 云南省农村供水管理模式分析 [J]. 中国农村水利水电，
2017 (5)：211-214.

[11] 张凯. PPP模式在我国农村水利基础设施建设中的应用研究 [D]. 武汉：湖北大
学，2016.

[12] 冯白. 基础设施PPP项目再融资问题探讨 [J]. 房地产导刊，2018 (6)：232-233.

[13] 王朝华. 探索农村饮水工程安全管理的必要性和方法 [J]. 低碳世界，2015 (4)：
90-91.

[14] 李斌，杨继富. 农村供水工程可持续运行管理模式研究 [J]. 中国水利，2014
(21)：47-50.

[15] 孙莉，何金义. 农村供水工程供水模式探讨 [J]. 中国水利，2021 (5)：52-58.

[16] 陈发庆. 农村饮水安全工程规划与运行管理的思考 [J]. 农业开发与装备，
2021 (10)：137-138.

[17] 王玥娜，张洪伟，李华. 环县农村饮水安全工程运行管理的成效和经验 [J]. 水利
建设与管理，2022，42 (3)：59-62.

[18] 王元昆，张国友，孙国臣. 农村饮水安全"潍坊模式"的实践探索与思考 [J]. 中
国水利，2018 (11)：48-50.

[19] 景县新闻网. 景县2019年农村水源置换项目正式通水.

[20] 东阳市水利局. 东阳：四措并举，全力做好农村饮用水工作.

[21] 艾荣，高阳平. 加强农村饮水安全工程维修养护的对策与建议 [J]. 科技创新与应用，

2016（11）：222.

[22] 姚学斌. 农民用水户协会模式管理农村饮水安全工程研究［C］//云南省水利学会. 云南省水利学会 2015 年度学术年会论文集，2015：414-432.

[23] 北纬网. 多举措保供水全力做好名山农村供水保障工作.

[24] 张统，王守中，刘弦. 我国农村供水排水现状分析［J］. 中国给水排水，2007，23（16）：9-11.

[25] 李代鑫，杨广欣. 我国农村饮水安全问题及对策［J］. 中国农村水利水电，2006（5）：4-7.

[26] 李存珍. 基层水务站如何做好农村供水工作［J］. 陕西水利，2015（4）：39-40.

[27] 张敦强，荣光，曲炳良. 抓好用电、用地、税收优惠政策的落实 保障农村饮水安全工程长效运行［J］. 中国水利，2012（5）：5-6，12.

[28] 陈海燕. 长沙市农村饮水工程存在的主要问题及对策研究［J］. 湖南水利水电，2010（5）：91-93.

[29] 周林岩. 我国饮用水安全保障问题研究［D］. 长春：吉林大学，2011.

[30] 戴婧豪. 农村饮用水安全影响因素分析与对策研究：以广西某市为例［J］. 农村经济与科技，2017（17）：247-249.

[31] 任伯帜，邓仁建. 农村饮用水安全及其对策措施［J］. 中国安全科学学报，2008，18（5）：11-17.

[32] 中华人民共和国水利部. 李国英在 2022 年全国水利工作会议上的讲话.

[33] 中华人民共和国水利部. 李国英出席国务院新闻办新闻发布会 介绍水利支撑全面建成小康社会情况［J］. 中国防汛抗旱，2021（9）：3.

[34] 田学斌. 让亿万农村居民喝上放心水［J］. 中国水利，2022（3）：4.

[35] 陕西日报. 陕西超额完成"十二五"农村饮水工程规划任务.

[36] 中华人民共和国水利部. 农村饮水安全问题基本解决.

[37] 中华人民共和国水利部. 夯实西部腾飞的水利基石：西部大开发十周年水利建设系列特稿之二（建设篇）.

[38] 马智伟. 农村饮水安全水质监测的实效性研究：以张家川县农村饮水安全为例［J］. 甘肃科技，2020，36（11）：26-27，96.

[39] 张家川回族自治县人民政府. 国家发改委、农业农村部、水利部三部委调研张家川县农村饮水安全工作.

[40] 张家川县水务局. 张家川县"十四五"水利发展规划.

[41] 张国艳. 张家川县农村饮水安全管理对策［J］. 农业科技与信息，2016（34）：50-51.

[42] 韦凤年，张金芳. 甘肃：聚力冲刺清零 确保农饮工程长受益［J］. 中国水利，2020（5）：60-62.

[43] 马世杰. 张家川回族自治县农村饮水安全工程运行管理工作探索与实践［J］. 中国水利，2019（5）：57-58.

[44] 清丰县人民政府. 清丰概况：地理环境.

[45] 清丰县人民政府. 清丰概况：自然资源.

[46] 张南，申晨亮，叶红磊，等. 清丰县利用南水北调实现城乡供水一体化模式［J］. 供水技术，2020，14（6）：62-64.

[47] 张南，申晨亮，周娃妮，等. 智慧水务在清丰县城乡供水一体化工程中的设计与应

用 [J]. 供水技术, 2021, 15 (2)：61-64.

[48] 吴砾星. 村村有支柱 户户有依靠 [N]. 农民日报, 2021-02-20 (2).

[49] 王凤藏. 清丰县农村饮水安全现状分析 [J]. 河南水利与南水北调, 2015 (19)：34-35.

[50] 国立杰, 叶龙. 全省农村供水 "规模化、市场化、水源地表化、城乡一体化" 现场会召开 [J]. 河南水利与南水北调, 2020, 49 (8)：120.

[51] 杜玉斌. 宁夏彭阳县 "互联网＋人饮" 关键技术应用与实践 [J]. 中国水能及电气化, 2021 (10)：7-13.

[52] 杨雪兰. 宁夏 "互联网＋农村供水" 建管服模式和关键技术应用研究与实践 [J]. 节能与环保, 2021 (11)：57-58.

[53] 张文科. 基于 "互联网＋" 的城乡供水一体化建管服模式改革探讨：以彭阳县智慧人饮工程为例 [J]. 水利水电快报, 2020, 41 (10)：80-83.

[54] 张志科, 孙维红. 基于 "互联网＋农村人饮" 的信息化模式应用研究 [J]. 水利水电快报, 2021, 42 (9)：91-96.

[55] 彭阳县人民政府办公室. 彭阳县建立 "三个平台" 提升农村饮水质量.

[56] 彭阳县人民政府办公室. 彭阳县城乡饮水安全工程主要措施进展.

[57] 彭阳县人民政府办公室. 彭阳县 "互联网＋农村饮水" 被推荐为第二批全国农村公共服务典型案例.

[58] 彭阳县人民政府办公室. 深化农村饮水 "建管服" 改革 以 "互联网＋人饮" 推进智慧水利建设.

[59] 任卫清. 彭阳县 "互联网＋农村供水" 管理模式的实践与经验 [J]. 农村实用技术, 2021 (9)：141-142.

[60] 孔云, 赵元卜, 刘刚. 安康市农村供水工程运行管理 "量化赋权" 改革的实践与探索 [J]. 陕西水利, 2019 (7)：119-120.

[61] 佚名. 农村供水的 "汉滨模式"：陕西省安康市汉滨区探索农村安全饮水新路径 [J]. 西部大开发, 2018 (12)：2, 1.

[62] 段亚兵. 陕西省四县农村饮水安全工程运行管理模式对镇巴县的启示 [J]. 中国水利, 2019 (11)：43-45, 42.

[63] 吴平. 事关民生改善的农村供水工程要建好更要管好 [J]. 陕西水利, 2013 (4)：10-12.

[64] 陕西省水利厅. 安康市率先实现全域农村饮水安全整体达标脱贫.

[65] 易瑜成. 安康市汉滨区农村供水工程建设评估存在问题及对策探析 [J]. 地下水, 2020, 42 (6)：80-82.

[66] 李寒松, 刘刚. 秦巴山区农村饮水安全现状及思考：以陕西省安康市为例 [J]. 工程技术研究, 2018 (14)：249-250.

[67] 上虞区人民政府. 上虞概览：自然地理.

[68] 倪炯, 黄仲慰, 陆志波, 等. 浙江省上虞市水资源分析及饮用水水源地水质现状评价研究 [J]. 四川环境, 2010, 29 (4)：85-90.

[69] 浙江省水利厅. 浙江省水利厅等六部门关于表扬在农村饮用水达标提标行动工作中成绩突出县和个人的通报.

[70] 绍兴市上虞区水务集团有限公司. 区水务集团 "三化" 并举 积极推进农村饮用水达标提标工作.

[71] 绍兴市上虞区水务集团有限公司. 区供水公司顺利通过一体化认证评审.

[72] 浙江新闻网. 对标城市供水 让山区群众喝好水.

[73] 环县人民政府. 环县农村饮水安全工程运行管理办法.

[74] 秦丽娜,马乐,唐丽. 浅析农村村集体公益性水务设施运行维护 [J]. 中国水利, 2013 (S1):35-36,29.

[75] 魏文密. 彭阳县"移动互联网+农村人饮"管理模式探索与实践 [J]. 中国水利, 2019 (15):52-54.

[76] 桂冬梅,董盛文. 来凤县农村饮水安全工作实践与思考 [J]. 中国水利,2018 (17): 48-49.

[77] 刘昆鹏. 农村供水"十四五"发展对策建议 [J]. 水利发展研究,2020 (5):8-10,15.

[78] 陈崇德,胡小梅,王永东. 关于两部制水价的思考 [J]. 水利发展研究,2006 (5): 41-43.

[79] 吕术元. 静宁县建立农村供水工程投入稳定增长机制的思考 [J]. 中国水利, 2012 (4):47-49.

[80] 周岩,董振礼. 潍坊市水利建设成效及解决水问题对策 [J]. 山东水利,2016 (12):1-2,6.

[81] 赵文玲,孙淼,孙国臣. 潍坊农村公共供水水质监管体系探究 [J]. 中国水利, 2018 (7):58-59.

[82] 孙国臣. 潍坊市农村饮水安全工作的问题与对策 [J]. 山东水利,2010 (11):54-56.

[83] 王孝亮,肖翔. 农村饮水安全工程长效管护机制调查研究 [J]. 山东水利, 2021 (1):8-11.

[84] 刘琳,孙华林. 水利工程维修养护物业化管理模式探讨 [J]. 山东水利,2017 (9): 19-20.

[85] 永修县人民政府. 永修县水利局与永修润泉签署农村供水工程物业化管理"三全"服务协议.

[86] 婺城区人民政府. 物业化管理模式为婺城区单村供水保驾护航.

[87] 张恺. 网格化社会治理:成效,问题与对策 [J]. 齐齐哈尔大学学报:哲学社会科学版,2020 (6):13-17.

[88] 周炎. 涟水县乡镇网格化社会治理优化对策的研究 [D]. 北京:中国矿业大学,2020.

[89] 海原县人民政府办公室. 海原县"网格化"管理机制打造"互联网+人饮"新模式.

[90] 黄陵县人民政府. 黄陵县水务局关于呈报《"十三五"脱贫攻坚农村饮水安全工作总结》的报告.

[91] 蓝刚,甘幸,韦恩斌,等. 广西农村饮水安全工程监管工作中存在的问题及其对策 [J]. 广西水利水电,2020 (2):89-92.

[92] 郭宇. 黑岛镇农村居民饮用水管理对策研究 [D]. 大连:大连理工大学,2018.

[93] 梁宏智. 固原市农村饮水安全工程管理现状与对策 [J]. 水利规划与设计, 2014 (6):51-54.

[94] 王海涛,乔舒悦,李连香,等. 农村供水工程水价制定和水费收缴 推进举措和启示 [J]. 中国水利,2021 (21):65-67.

［95］ 崔洁. 农村技能型供水管理人才培养浅析［J］. 中国水利，2015（5）：63-64.

［96］ 罗林峰，吕天伟. 水利工程社会化管理模式应用分析［J］. 水利发展研究，2020，20（7）：36-39.

［97］ 陈亮东. 浅谈庄浪县农村饮水安全工程建设与管理的成功经验［J］. 农业科技与信息，2016（20）：37-38.

［98］ 张一鸣，田雨，蒋云钟. 基于TOE框架的智慧水务建设影响因素评价［J］. 南水北调与水利科技，2015（5）：980-984.

［99］ 张岩，张磊. 论智慧水务平台科研数据管理及人工智能技术的应用［J］. 智能建筑与智慧城市，2020（3）：90-91，98.

［100］ 马奉先，赵海洋，徐元晓. 互联网＋水利探索与实践：以徐州市智慧水利项目为例［J］. 信息技术与信息化，2018（12）：25-28.

［101］ 陈德清，李磊，王钧，等. 农村供水工程信息管理系统现状与展望［J］. 中国水利，2022（3）：27-28.

［102］ 陈锋. 农村饮水"建管服"改革及"移动互联网＋人饮"技术在某县的应用［J］. 数字化用户，2017（50）：37-38.